CREATIVIDAD SIN PANTALLAS

JESÚS GE

MAR BENEGAS

CREA TIVIDAD

PANTALLAS

Una guía para redescubrir el poder de crear y jugar con los más pequeños

Grijalbo

Papel certificado por el Forest Stewardship Council®

Primera edición: abril de 2025

Printed in Spain – Impreso en España

ISBN: 978-84-253-6709-0
Depósito legal: B-2.616-2025

Compuesto en Grafime S. L.

Impreso en Gráficas 94, S.L.
Sant Quirze del Vallès (Barcelona)

GR 67090

ÍNDICE

Queremos agradecer a docentes, bibliotecarias, mediadoras, madres, familias y alumnas que nos ayudan y facilitan nuestro trabajo y el encuentro con los niños y las niñas. Gracias a ellas nos seguimos haciendo preguntas y se nos muestran tantas posibilidades. Pero, sobre todo, queremos agradecer a los niños y las niñas que desde hace años crean con nosotros y nos hacen entender que toda la belleza y el asombro del mundo caben en las manos más chiquitas. Son tantos nombres que no cabrían en este libro. Y, por supuesto, a los pequeños autores y autoras de los textos poéticos que compartimos en estas páginas.

A Pilar Sánchez, bibliotecaria de Aldaia, y al grupo de niños y niñas del campamento poético Caripélido, que consiguió lo imposible: juntar a 25 niños y niñas de ocho a catorce años, en los primeros días de las vacaciones estivales, para pasar una semana con nosotros, leyendo y jugando a crear poesía.

A Mariliana y Anaya y a Joaquín y Noah, que estaban en Estados Unidos cuando conocieron El Sitio de las Palabras y que ahora ya forman parte de nuestra familia. Ojalá algún día podamos escribir como Anaya lo hacía con solo cuatro años.

A las niñas y los niños del colegio La Navata, de Galapagar, y a su maestra Blanca Villarán.

A Irene, bibliotecaria y docente del Colegio Estudio, y a los niños y niñas de V, de III, de XIII, de XI..., de todas las secciones que vamos conociendo cada curso. Cada año es una nueva aventura creativa.

Por supuesto, a Yago Benegas, que fue el motor inicial, hace veintidós años, de todo este proceso.

Y a tantos otros, miles, que también están aquí.

LA PARADOJA DE LAS PANTALLAS

Qué difícil hablar de pantallas y de creatividad en estos tiempos de avances tecnológicos y nuevas formas de relaciones, unos tiempos en los que el sufrimiento psíquico en la infancia y la juventud ha crecido más de un 45 por ciento desde la pandemia. En este libro abordaremos y ahondaremos en un problema que, pensamos, es acuciante: la relación entre el uso abusivo de las pantallas y la falta de creatividad. Lo intentaremos hacer desde un punto de vista esperanzador, puesto que, si algo queremos transmitir en estas páginas, es esperanza y confianza en las personas. Por eso, a pesar de lo alarmante de los datos y de nuestro trabajo con la infancia y los jóvenes, lo analizaremos desde una visión positiva, ya que, en nuestra experiencia, hay tiempo para todo y la creatividad y la mirada afectiva ofrecen algo que ninguna pantalla puede reemplazar.

Nuestra voz formulará soluciones posibles, si bien creemos firmemente que estas están en la mano de todos. Presentaremos situaciones, reflexiones y, sobre todo, un contraste real que nos facilite herramientas y prácticas para alejarnos de esa realidad menos amable que hemos incorporado, consciente o inconscientemente, en nuestra vida.

Qué difícil, sí, hablar de pantallas cuando son el buque insignia de la era digital en la que vivimos inmersos, que cada día avanza y sigue en su gran escalada, que abre nuevos y vastos territorios, como el reto que ahora supone la IA. No obstante, al mismo tiempo vemos que aquellos lugares que fueron pioneros en introducir las pantallas en la educación (países como Suecia o algunas escuelas de España) han evaluado los beneficios y peligros, y, en muchos casos, han decidido volver a los libros en papel, incluso a la escritura a mano. Los beneficios cognitivos de la lectura y la escritura a mano, y los mapas neuronales que se crean y se ponen a funcionar a partir de estos procesos, ya han cosechado el apoyo de la neurociencia y de numerosos estudios que los avalan.

Sabemos también que, en la cuna del mundo digital, Silicon Valley, los hijos e hijas de los gurús de la tecnología no usan las pantallas en las escuelas hasta los doce años, y en casa no antes de los ocho.[1] También hemos presenciado cómo una escuela pública de Seattle demandó a las grandes plataformas de internet, sus responsables adujeron que estas utilizan las mentes todavía inmaduras de la infancia para lucrarse. Son muchos los psiquiatras que afirman que la salud mental de nuestros niños y jóvenes está en juego, y han hecho sonar la alarma por el alto grado de sufrimiento psíquico que provocan las pantallas y todo lo que hay al otro lado de ellas: aislamiento, adicción, baja autoestima, menor rendimiento escolar, abusos, etcétera.

En 2023, y tras la pandemia, el índice de comprensión lectora global, según el Estudio Internacional de Progreso en Comprensión Lectora (PIRLS, Progress in International Reading Literacy Study), bajó siete puntos en España.

Ahora bien, hay que ser conscientes de que el problema es global y nadie se salva. Es fácil ver a bebés de dos años frente a adultos que intentan, desesperados, que los miren, que les sonrían y que despeguen la mirada de las pantallas; pero no es un problema que afecte únicamente a la infancia, todos somos esclavos de la luz

1 - https://elpais.com/especiales/2019/crecer-conectados/gurus-digitales/
https://www.elmundo.es/internacional/2023/01/11/63bd3f4521efa025538b457b.html.

brillante y de la música pegadiza y repetitiva. Además, no podemos olvidar que, muchas veces, las pantallas nos salvan y nos ayudan. Las pantallas también pueden ser una herramienta de crecimiento, de conexión y, por qué no, una manera de fomentar la creatividad. Por eso este libro, como la mayoría de las cosas humanas, nace de una contradicción. No pretende ni quiere ser un alegato contra las pantallas, sino un cartel luminoso para alertarnos de los peligros de dejar en manos de la tecnología, en exclusiva, lo que ha de ser mirada, cuerpo, afecto y juego, y, al mismo tiempo, proponer alternativas que fomenten la creatividad y la no necesidad del uso automático de los dispositivos.

ESTE LIBRO

Llevamos muchos años compartiendo tiempo con personas de todas las edades, analizando y poniendo en marcha proyectos, talleres y propuestas que incentivan la creatividad, el acto creador, la escritura, el pensamiento crítico, el juego, el arte, el debate, la reflexión y el análisis mediante cursos, ponencias, talleres... y con miles y miles y miles de niños y niñas, de docentes y de familias.

El Sitio de las Palabras es el nombre que recibe nuestro espacio, una escuela virtual que abrimos hace más de diez años, cuando no eran tan habituales ni comunes. Al frente de ella estamos Mar y Jesús. Es una escuela donde formamos a mediadores (docentes, familias, personal de bibliotecas...) y, sí, lo hacemos, paradójicamente, a través de las pantallas. Tenemos alumnos de todo el mundo, lo que nos permite calibrar de forma correcta el valor, imprescindible, de esta nueva era digital y la fabulosa herramienta que puede llegar a ser una pantalla.

Nuestra escuela se nutre, principalmente, de la experiencia creadora a partir de lo común y de lo humano, lo físico, lo tangible: libros, recitales, talleres de escritura, mirada, cuerpo, infancia... Nuestro ámbito de actuación se desarrolla a partir de dos ejes fundamentales: lo digital y lo humano. Ambos son cruciales, y por eso hemos querido recopilar y reflexionar en torno a nuestra experiencia y dejarla plasmada en un formato tan bonito y coherente con el proyecto como es un libro, que, esperamos, pueda ayudar a muchas personas a pensar y les brinde asimismo propuestas reales y prácticas.

Por desgracia, en estos años hemos podido comprobar la preocupante evolución de las actividades que acabamos de mencionar en la infancia y en las personas que cuidan de ella (familias, docentes, etcétera). La deriva se acentuó tras la pandemia, en la que observamos en niños y niñas una clara falta de respuesta, de iniciativa y, sobre todo, de creatividad. Y esta tendencia, que se alimenta de una desconexión con el otro cada vez más visible, es la consecuencia de vivir la vida a través del filtro de la pantalla. Esto nos lleva a analizar en profundidad el papel que tiene ahora mismo la creatividad y concluimos que está perdiendo terreno y posibilidades.

Seguro que en algún momento te has hecho preguntas como estas: ¿por qué cada vez cuesta expresarse de una forma libre y correcta?, ¿por qué niños y niñas tienen más dificultades para expresarse o resolver problemas de manera creativa?, ¿es importante hacerlo?, ¿cómo influyen las pantallas en este retroceso?, ¿podemos hacer algo para evitarlo?, ¿qué dice la neurociencia sobre estos procesos?, ¿qué sucede en la mente infantil ante tantos estímulos artificiales?, ¿se puede mejorar y entrenar la creatividad? Es probable que este libro no responda a todas, pero esperamos que sirva para plantearnos otras preguntas, discurrir juntos y, en última instancia, ofrecer herramientas para fomentar la creatividad.

TODAS LAS PERSONAS SOMOS CREATIVAS

La capacidad de crear es innata en el ser humano, de hecho, esta es la única que nos ha permitido sobrevivir hasta hoy. No disponemos de muchas herramientas fabulosas, no somos extremadamente fuertes, no tenemos grandes garras, no sabemos volar, no podemos vivir bajo el agua... Sin embargo, somos la única especie capaz de imaginar, desear, soñar y hacer realidad estos deseos gracias a la creatividad.

El acto creador es casi natural en el recién nacido, como veremos más adelante. Después la habilidad se va afianzando. Cada logro imaginado previamente, es decir, que se ha creado de la nada a través, por lo general, del juego y del ensayo-error, avanza y adquiere la destreza y la soltura suficientes para convertirse en una herramienta necesaria (cognitiva) para conocer el mundo. Además, nuestra capacidad creadora, que la neurociencia ha estudiado ampliamente, no solo es lo que nos hace humanos, sino también lo que nos permite soportar el mundo y, en ocasiones, destruirlo. La humanidad es paradójica en sí misma, y su aptitud para el juego, la creación y la construcción guarda en su lado más oscuro y en la misma medida la posibilidad destruir, de inventar la manera más eficiente de matar, de dominar, incluso de domesticar el impulso creador. Y, por supuesto, al igual que existe la opción maravillosa de crear, jugar, experimentar, cambiar, crecer y transformarnos, aprender y educar y fomentar la creatividad, podemos asimismo reprimir o anular la capacidad creadora humana. Con todo, los mayores logros, las mayores conquistas de la capacidad creativa del ser humano han hecho, sin duda, que la vida sea más bella, incluso más cómoda: los inventos, la tecnología, la ciencia, el arte, la literatura... todo lo que nos hace humanos se construye gracias a la creatividad. Imaginación, ensoñaciones, deseos, juegos... son temas sobre los que se ha escrito, investigado y reflexionado mucho.

De hecho, si lo pensamos un poco, el pensamiento creativo está detrás de toda la evolución humana. Hay un imaginario creador colectivo, que es el impulso que, desde el lugar que nos corresponde en la historia y atesorando todos los caminos que ya anduvieron las generaciones que nos han precedido, nos permite avanzar y seguir creando. La humanidad ha llegado donde está por su capacidad de imaginar y crear, es el único atributo que nos ha permitido evolucionar.

La creación de mitos y leyendas para explicarnos el mundo, el teatro, la narración de las historias, la pintura, la danza, el arte, en general, tienen que ver con nuestra capacidad innata de crear. Pero la creatividad va más allá del arte, también las matemáticas son un lenguaje creativo, como la arquitectura, los experimentos, la ciencia... Realmente, el pensamiento creativo está presente en todas disciplinas que necesitan de la experimentación, de la ruptura, de plantear hipótesis, de unir lo que antes nunca estuvo unido, incluso crear nuevos lenguajes (como el informático) necesita del pensamiento creativo... De alguna manera vamos atesorando nuestros deseos, anhelos, nuestras expectativas, y los sumamos a los anteriores.

En los últimos cien años se ha buscado una explicación al acto creador desde la psiquiatría, la psicología, la lingüística, la pedagogía, la neurociencia... En esa búsqueda, que responde al anhelo de querer comprender el mundo y lo que somos, se ha comprobado que existe una correlación directa entre el desarrollo, los estímulos de la creatividad y sus herramientas naturales, tales como la curiosidad, el juego, la experimentación, la repetición (ensayo-error), la imaginación o los recursos imaginativos (metáfora, metonimia, simbolismo, animismo...), y no solamente en el desarrollo de la humanidad, sino también en la capacidad de adaptarnos a situaciones nuevas, crear realidades distintas, crecer y encontrar un mayor bienestar.

Como exponíamos un poco más arriba, la creatividad es un rasgo innato del ser humano, y lo que somos y nuestro bienestar, tanto como especie como a nivel individual, dependen en gran medida de ella. El pensamiento creativo es la semilla de todo lo humano, para bien y para mal. Por esto mismo, porque la creatividad mal utilizada encarna también nuestra peor versión, es necesario fomentarla, educar en torno a ella y ofrecer herramientas para que crezca y lo haga en paralelo a la empatía. Los dos pioneros que reflexionaron sobre la creatividad (sus métodos, características y criterios) así lo hicieron, al mismo tiempo, durante las décadas de los sesenta y setenta, y llegaron a las mismas conclusiones. Lo más curioso es que partieron desde dos puntos distintos, casi antagónicos: J. P. Guilford investigaba sobre el proceso científico, y V. Lowenfeld, sobre la capacidad creadora artística. Ambos, sin ponerse de acuerdo previamente, recorrieron sus respectivos caminos hasta el mismo destino en dos campos por completo diferentes, la ciencia y el arte, y es que **la creatividad es humana, todos somos creativos, y, por eso, tenemos una responsabilidad para con la infancia, no solamente para fomentar el arte y la belleza, sino también la ciencia y las matemáticas, la física y la ingeniería, la danza y la música, la literatura y la escultura... Debemos intentar educar en torno a la creatividad, animarla y acompañarla para que tenga un carácter humanista, social, cultural y colectivo.**

¿QUÉ ES LA CREATIVIDAD?

La creatividad tiene que ver con muchos factores y se ha estudiado desde distintas disciplinas: la neurociencia, la psicología, la antropología, la sociología... Sin embargo, y por eso mismo, por ser un concepto escurridizo y multifactorial, se hace muy complicado definirla. Mejor dicho, se puede definir desde muchas y muy distintas perspectivas.

A pesar de estas difusas barreras multidisciplinares, existe un elemento común que se repite en todas las personas creativas, sea su ámbito creador el científico o el artístico: la mente innovadora, emprendedora, sabia o pionera, la que da un salto y se muestra diferente, siempre es una mente creativa a la que se ha dejado expandirse. Es la mente que utiliza los recursos previos, la imaginación y el ensayo-error para buscar soluciones no comunes a los problemas.

Hay muchas aproximaciones, definiciones y términos que intentan poner en palabras el concepto de creatividad. La neuropsiquiatría, la psicología y la neurociencia hablan de pensamiento divergente o cerebro artístico, capacidad o actividad creadora. En el ámbito de la educación también encontramos términos como imaginación creadora, educación creadora o imaginativa...

La creatividad es, fundamentalmente, la capacidad de crear realidades alternativas, soluciones distintas, a veces para la resolución de problemas prácticos y otras para la formación de nuevos escenarios. Es decir, la capacidad de resolver problemas o situaciones usando los recursos propios. No importa que estos recursos sean abundantes o escasos, puesto que la escasez de recursos también azuza la creatividad. La creatividad es activa, aunque nazca del diálogo entre el yo, el mundo y mis recursos. De hecho, el aburrimiento es la antesala del acto creador y ahí radica, además, su diferencia con la imaginación, que puede quedarse en la ensoñación. La creatividad es la imaginación puesta en marcha para llegar a crear algo.

Requiere de unos requisitos previos, unos pasos y unos elementos comunes, pero no indispensables y, a veces, incluso contradictorios. Por ejemplo, podría pensarse que a mayor inteligencia mayor creatividad, pero si bien es cierto que una mayor inteligencia ofrece, en paralelo, una mayor creatividad, también hay personas con un CI bajo y una gran capacidad creativa.

Podríamos definir la creatividad como la capacidad de descubrir, innovar, inventar y utilizar el pensamiento divergente en lugar del normativo o racional. Pero, por su propia naturaleza volátil y escurridiza, es también dada a interpretaciones más místicas que la relacionan con un don exclusivo de espíritus elevados, con la famosa musa en el terreno artístico. Tiende a etiquetarse, asimismo, como rara o anormal por la necesidad de control propia del sistema.

La realidad es mucho más ruda: las musas no existen y la inspiración es una bondad casi artesana que necesita oficio y libertad para equivocarse y volver a empezar, para existir sin juicio. También necesita educarse. Porque sí, la creatividad se educa. Se aprende el pensamiento estético, matemático, poético o artístico, y no solo eso, forma parte esencial del desarrollo de niños y niñas. La creatividad es imprescindible, no accesoria, y forma parte de la condición humana. Ahora bien, la sociedad actual impone unas normas cada vez más estrictas de control y productividad, y cada vez a edades más tempranas, sobre todo en cuanto al control del tiempo. La creatividad necesita el tiempo en blanco, el compartir con el otro, la mirada, la exploración... y que un niño o niña pase tres o cuatro horas de media frente a una pantalla y otras seis en la escuela, con actividades dirigidas a un fin productivo, va mermando esta capacidad creadora tan necesaria.

Son varios los factores que influyen en el correcto desarrollo de la creatividad: que la persona sea más o menos inteligente, que tenga un mayor o menor estímulo (intelectual, imaginativo, cognitivo...), que se encuentre un entorno amable (emocional, psicológico, económico, cultural, etcétera). Pero, según el trabajo de Guilford y Lowenfeld, hay ocho criterios que pueden definirla. Estos criterios, además, pueden fomentarse o reprimirse según el entorno y la situación concreta de cada cual.

LOS OCHO CRITERIOS DE LA CREATIVIDAD:

- **SENSIBILIDAD.** Es decir, la capacidad de emocionarse, pero también de captar las sutilezas del entorno y de las personas: el lenguaje no oral, los cambios de ambiente o paisaje, las diferencias y similitudes... También incluye la empatía, que es saber ponerse en el lugar del otro, la apertura ante nuevas situaciones que impliquen experiencias diferentes y transformen lo cotidiano en extraordinario, así como la capacidad de descubrir y sentir lo bello, pero también las necesidades o los fallos del entorno.
- **RECEPTIVIDAD.** Es fundamental para que el pensamiento esté abierto y sea fluido. La asociación de ideas, el pensamiento divergente o la sensibilidad no son nada sin una actitud receptiva que permita el mayor número de respuestas posibles a una situación, problema o estímulo.
- **MOVILIDAD.** La creatividad tiene un alto grado de capacidad de adaptación para actuar frente a los cambios de manera rápida y eficiente.
- **ORIGINALIDAD.** Es una de las características más importantes y un rasgo singular del pensamiento divergente (o creativo).
- **ADAPTABILIDAD.** Esto es, la capacidad de utilizar una situación o funciones de un objeto o recursos de diferentes maneras, cambiándolos si fuera necesario. El pensamiento siempre está dispuesto al cambio.
- **ANÁLISIS.** La capacidad de asociación y reflexión que convierte el pensamiento sincrético (metafórico o simbólico) en racional, que analiza los pormenores y transforma la casualidad en causa.

- **SÍNTESIS.** Es decir, reunir diferentes elementos para componer un nuevo conjunto. Muchas veces estos no tienen relación entre sí y forman una nueva situación con la que se llega a resolver problemas o situaciones con herramientas distintas a las habituales y desde otro lugar.
- **ORGANIZACIÓN COHERENTE.** Es la característica que permite unir todas las anteriores. Si pensamos en la creatividad como una orquesta, la organización sería la directora, la batuta capaz de armonizar pensamientos y razón, sensibilidad, percepción, receptividad, etcétera, de manera que se escuche el concierto, la mejor música con el menor de los esfuerzos y con los elementos con los que cuenta.

Así pues, no solamente podemos afirmar que la creatividad forma parte del ser humano, sino que, además, todas las personas podemos beneficiarnos de ella, se puede fomentar y desarrollar, incluso *aprender*, y no está ligada a una mayor inteligencia o a un alto cociente intelectual. De hecho, si pensamos en el desarrollo de la humanidad veremos que, en efecto, los grandes hitos creativos, inventos y descubrimientos muchas veces han partido de la necesidad de facilitar el trabajo, del aburrimiento o de la casualidad y el juego. La creatividad se pone en marcha cuando tiene la oportunidad, el tiempo y las herramientas para desarrollarse.

EDADES Y PROCESOS DE LO CREATIVO

Ya sabemos que la creatividad no está relacionada en exclusiva con el arte y que el pensamiento científico tiene mucho que ver con la creatividad, pero también con la resolución de problemas cotidianos, porque la parte práctica del día a día se beneficia asimismo de la creatividad, sobre todo, en la primera infancia.

Sin duda, la infancia es la época más creativa. Cuando llegamos al mundo, tenemos que crear todo desde cero. Los primeros años de nuestra vida serán, por tanto, el territorio más fértil para la creatividad, pero también el momento más crítico, dado que, por la fragilidad y la falta de madurez y recorrido, es la etapa en que el impulso creador se puede inhibir con más facilidad.

Cada edad tiene sus posibilidades y sus procesos. Piaget fue un científico (también psicólogo, pedagogo y biólogo) que creó la teoría de las fases de evolución en la primera infancia. Vamos a ver cuáles son las fases evolutivas y las relacionaremos con la creatividad y sus procesos. Veremos además qué sucede cuando el juego creador se fomenta y se facilita sin juicios con ejemplos reales que hemos experimentado en primera persona gracias a miles de actividades con niños y niñas.

0-3 AÑOS: FASE SENSOMOTORA

Piaget identificó esta fase como la del desarrollo inicial. El bebé lo aprende todo a partir de los sentidos (por eso se llevan todo a la boca, tocan, manipulan, estiran...) y del movimiento: se mueven para aprender a controlar su cuerpo y, a la vez, para descubrir lo que tienen alrededor.

En esta fase se dan los hitos más grandes en cuanto a lo humano: la bipedestación (ese momento en que el bebé comienza a caminar sobre las dos piernas), el dominio del lenguaje (el habla) y el inicio del control de la psicomotricidad fina, que permite manipular y transformar.

Todo se crea de cero, de manera individual, porque los bebés llegan al mundo sin excepción con todo por crear y por aprender.

La curiosidad y la necesidad vienen de serie, son innatas y también fundamentales para el desarrollo. Aunque aprendemos a caminar y hablar a partir de unos rasgos generales, la verdad es que cada bebé lo hace a su manera y en su momento. Recuerdo que mi hijo (de Mar), antes de gatear o caminar, se desplazaba dando vueltas sobre sí mismo. Esto es creatividad al servicio de un objetivo.

Cuando los bebés comienzan a hablar, también parten del juego creativo: generar ruidos con su voz. Gorgoritos, repeticiones e imitación de sonidos son los primeros indicios del deseo de dominar el lenguaje.

Durante estos tres primeros años de vida, la importancia de la presencia, el afecto, la mirada y la respuesta de las personas adultas de referencia son fundamentales.

Podemos concluir que en los primeros años se construyen la identidad y la estructura afectiva primaria, y que la falta de humanidad en la respuesta a esas necesidades infantiles que ofrece el contacto precoz con una fría pantalla mermará las posibilidades de desarrollo. Ya son muchos estudios los que analizan las nefastas consecuencias de la exposición temprana a las pantallas.

Los riesgos asociados al uso y al sobreuso de las pantallas en la salud física, psicosocial y en el neurodesarrollo en los niños menores de tres años son diversos y su impacto es importante, ya que es un momento crucial en su desarrollo. La sobreexposición a las pantallas se ha relacionado con problemas físicos como el bruxismo, problemas visuales y obesidad, así como alteraciones neuroanatómicas y funcionales vinculadas con el desarrollo cerebral, el lenguaje, la atención y problemas psicológicos o de salud mental.

Cita científica extraída de:
https://www.ordesaacademyofpediatrics.com/guias-practica-clinica/comunicacion-tecnologia/efectos-exposicion-infantil-temprana-pantallas

---

3-6 AÑOS: FASE PREOPERACIONAL

Durante esta fase de desarrollo de la infancia, comienza a perfeccionarse la relación con el mundo que nos rodea a partir de la toma de conciencia corporal y de la identidad (la pertenencia), la identificación de emociones primarias y la necesidad biológica, esto es, el deseo de crecer y adquirir independencia y autonomía. Este es el motor primordial del desarrollo infantil. En esta fase se asienta el lenguaje oral y de manera natural se comienza a buscar cierta independencia. Las destrezas que se requieren para las cosas cotidianas son laboriosas y múltiples. Empieza también el deseo de *comprender* el mundo, al otro, lo que hay fuera, porque, hasta los tres años, el esfuerzo se centra en los aprendizajes básicos. Es el momento de reconocerse y adquirir la identidad propia. Comprender el mundo y al otro es un tema complejo para lo que se necesita adquirir la identidad *grupal*. Las ideas, las emociones, las cosas que suceden..., la mente se prepara para dar el gran salto hacia el pensamiento complejo y hacia el razonamiento lógico. Pero, antes y durante esta fase, el razonamiento es, sobre todo, simbólico y, por tanto, totalmente creativo. La fase de la vida más ocurrente y poética, sin duda, se da en este periodo. Al intentar lograr el dominio de cosas complicadas como el tiempo, las emociones, el porqué de las cosas..., los niños y las niñas van ensayando, con el prueba-error, a través de la representación simbólica del mundo.

Así, intentando comprender el concepto del tiempo a través del pensamiento simbólico o metafórico, en esta fase, en la que las deducciones son, básicamente, poéticas, suceden cosas como estos poemas que nos regala Anaya (de cuatro años):

Una vez me comí una pera
tardé años y años en comérmela
cuando me la terminé
la pera ya estaba mucho más grande.

*

1 tortuga va lento
2 tortugas, más lento
3 tortugas, lentísimo
4 tortugas, requetelento
pero 5 tortugas, rapidísimo.

Quien tenga niños y niñas de estas edades seguro que recuerda muchas composiciones como esta o dibujos vibrantes llenos de color o construcciones de barro, intentos de apilar, moldear... Así se relacionan con el entorno y sus fenómenos, con un pensamiento divergente, que utiliza los pocos datos que tienen del mundo (todavía escaso de recuerdos y experiencias) para explicar las cosas. Recuerdo cuando mi hijo (soy Mar), tenía esa edad y me preguntaba sobre el interruptor que «enciende el sol» cuando se hace de día, o sobre el pintor que se dedicaba a pintar el cielo en los atardeceres otoñales llenos de lilas y rojos y naranjas.

El problema real al que nos podemos enfrentar es la inhibición de ese impulso por un exceso de horas frente a la pantalla. Esto ocurre cuando esta necesidad de comprender el mundo, de empezar a pensar y llegar a conclusiones sobre todo lo que observan y sucede se ve interferida por el exceso de uso de las pantallas.

La consecuencia que esto trae aparejada no es otra que el hecho de que la experimentación, la observación y el acompañamiento, el prueba-error, el control del espacio y del tiempo, etcétera, son sustituidos por un estímulo de respuesta-recompensa fácil que no cuesta ningún esfuerzo y cuyo resultado es ciertamente pobre.

Nacemos con umbrales que van ampliándose según crecemos y se estimulan. Por ejemplo, si alguien está constantemente expuesto a la violencia o al dolor ajeno termina creando un mecanismo de defensa que sube este umbral hasta que no le afecta, porque sería imposible mantener ese nivel de estrés.

Cuando la infancia pasa demasiadas horas frente a la pantalla son otros los umbrales que van cediendo y creciendo, aparte de este si el contenido no es apropiado para su edad. Esto significa que, de manera directa, la interacción con el otro, la respuesta afectiva, la respuesta a estímulos externos y la falta de motivación merman, incluso la carencia de respuesta emocional a nada que no tenga que ver con lo que sucede en la pantalla disminuye. Por otra parte, provoca asimismo una respuesta emocional exacerbada si el abuso de la pantalla pasa los límites de lo saludable, en el momento en que se limita su uso.

Son innumerables los estudios que demuestran que la sobreexposición a las pantallas implica retrasos en la adquisición del lenguaje, en el desarrollo cognitivo y en la respuesta a estímulos. También está relacionada con problemas físicos y de salud mental infantil.

7-11 AÑOS: FASE DE OPERACIONES CONCRETAS

En esta fase los niños, si han superado correctamente las anteriores, deberían afianzar los grandes hitos del pensamiento lógico. Es decir, serán capaces de leer y comprender textos, se habrán asentado conceptos temporales, con lo que sabrán situarse en el tiempo y su paso, habrán aprendido a contar y realizar series numeradas...

Durante la fase anterior, preoperacional y tan poética, las teorías se construyen de manera intuitiva y sin necesidad de corroborar nada. Esto es, las teorías funcionan porque son formuladas dentro de una lógica simbólica: si el cielo ha cambiado sus colores es porque hay un pintor que lo pinta, o esa pera, que, a pesar de haberla comido, con el paso de los años (figurados) debe de haber crecido mucho.

En la fase de operaciones concretas, en cambio, solo se formularán teorías que puedan contrastarse de manera fehaciente: horas, minutos, días, letras que forman palabras, resolución de problemas sencillos... Todo debe obedecer a la lógica racional, a lo tangible y comprobable. Es la fase donde se aprende *a pensar*, a relacionar los conceptos (tiempo, operaciones, letras, comprensión de enunciados) con la realidad. Y requiere de una gran dosis de experimentación —sobre todo manual— para afianzar estos aprendizajes. Por ejemplo, en estos últimos tiempos, y tal y como anunciábamos en la introducción, los lugares que fueron pioneros en el uso de pantallas en el aprendizaje escolar están volviendo a los cauces más tradicionales: lectura en papel o uso de lápices y libretas. Ahora se recomienda, de manera creciente y a tenor de los resultados de un gran número de estudios de campo y de los numerosos artículos científicos que lo evidencian, el mínimo contacto (o cero) con pantallas hasta que no se superen los once años. Dicho de otro forma: se está empezando a abogar por que el desarrollo de las distintas fases se dé sin interferencias exógenas para permitir el desarrollo de cada una de ellas de un modo natural y neutro.

12-16 AÑOS: FASE DE OPERACIONES FORMALES

La última fase del desarrollo del niño se da al ir alcanzando la madurez en los procesos del pensamiento y la evolución completa de la mente. A partir de este momento, y sumando las fases anteriores, la mente puede llegar a desarrollar todo su potencial: inventar, deducir, calcular. Así se afianzan el pensamiento científico y creativo. Se restaura, además, el pensamiento abstracto. La representación simbólica del mundo regresa porque la emoción, los cambios hormonales y el inicio de la transformación física implican una verdadera revolución. Se necesitan recursos artísticos, literarios y poéticos para entender qué sucede y sentirse menos solos.

Estos haikus compuestos por muchachos y muchachas de quince años sirven de ejemplo de lo anterior:

Con gran pesar
el viento resoplando,
días de invierno.

*

Húmedo olor,
lluvia que azota al alba,
rojo paisaje.

Haiku de un alumno de XV (de 15 años), Colegio Estudio, Madrid.

A PARTIR DE LOS 16 AÑOS

Alcanzados los dieciséis años las distintas fases que marcan la evolución de los procesos de pensamiento se han completado. No sucede lo mismo con la madurez de las diferentes áreas del cerebro, que seguirán en proceso de crecimiento hasta los veinticinco años.

La adolescencia es el tiempo más peligroso con relación a las pantallas. Los estudios (como veremos más adelante) demuestran que el uso abusivo de estas desemboca en un estado de ansiedad generalizada y en una falta de contacto con la realidad. Como hemos apuntado, los problemas de salud mental entre jóvenes han subido exponencialmente desde la pandemia.

CONCLUSIÓN

Cuando una persona ha disfrutado del ambiente idóneo para el correcto desarrollo de todas estas fases (entorno y oportunidad), sin importar su cociente intelectual, podrá desarrollar, también, todo su potencial creativo.

Cada una de las fases presenta unas necesidades que van integrándose y sumándose a las destrezas ya adquiridas. Todas son importantes.

Una mente creativa (en cualquiera de sus ámbitos) habrá crecido gracias a la relación directa con el entorno: manipulación y experimentación, representación simbólica, observación, creación de hipótesis y libertad para desarrollar todos estos elementos.

A partir de esos estudios, que revelan nuevas evidencias científicas con respecto al impacto que el uso prolongado de pantallas tiene tanto en el desarrollo físico como social del bebé, la Asociación Española de Pediatría (AEP) ha tenido que actualizar recientemente, en 2025, sus recomendaciones familiares sobre el uso de pantallas en la infancia y la adolescencia.

La investigación desveló el negativo impacto que estaba provocando en campos como el sueño, la alimentación y la nutrición, la actividad física, el riesgo cardiovascular, la fatiga visual o el volumen cerebral.

En este sentido, la AEP, en su «Plan digital familiar», plantea las siguientes recomendaciones:

De 0 a 6 años:

- Cero pantallas, no existe un tiempo seguro.
- Como excepción y bajo supervisión del adulto, se puede usar para el contacto social con un objetivo concreto. Por ejemplo, que la

persona que está al otro lado de la pantalla le cuente un cuento o le cante una canción.

De 7 a 12 años:

- Menos de una hora (incluidos el tiempo escolar y los deberes).
- Limitar el uso de los dispositivos con acceso a internet.
- Priorizar los factores protectores: actividades deportivas, relaciones con iguales cara a cara, contacto con la naturaleza, sueño, alimentación saludable, etcétera.
- Si se decide que utilicen un dispositivo, es recomendable que sea bajo la supervisión de un adulto, con dispositivos fijos, y evitar su uso en el cuarto de baño y el dormitorio.
- Pactar límites claros previamente tanto en tiempo como en contenidos adaptados a la edad.

De 13 a 16 años:

- Menos de dos horas (incluidos el tiempo escolar y los deberes).
- Si se permite el acceso a dispositivos —sin ser la única medida que se tome—, se deberán instalar herramientas de control parental.
- Priorizar el uso de teléfonos sin acceso a internet.
- Retrasar la edad del primer móvil inteligente (con conexión a internet).

Fuente: «Plan digital familiar» de la Asociación Española de Pediatría

¿POR QUÉ ES IMPORTANTE LA CREATIVIDAD?

Como decíamos al principio, la creación es algo innato al ser humano y nos ha ayudado a sobrevivir en un entorno hostil para el que no nacemos preparados. Somos una de las especies que menos recursos tenemos al nacer y que más tiempo necesitamos para aprender las herramientas para seguir vivos, más allá de las funciones fisiológicas básicas.

Ya se ha demostrado que no somos los únicos con la capacidad de invención y aprendizaje, pero sí somos la especie que mejor puede evolucionar y llegar más lejos en cuanto a complejidad de pensamiento y procesamiento de la información. Aunque, la verdad, viendo cómo algunas personas siguen negando las evidencias científicas más sencillas, como la curvatura de la Tierra, el funcionamiento de un espejo o el mecanismo de la lluvia, uno duda de si no estaremos involucionando como especie.

En este sentido, la creatividad nos ha acompañado siempre. Cuando un homínido se dio cuenta de que una piedra curva permitía desplazar objetos pesados con mucho menos esfuerzo o que si frotaba unos palos hacía fuego, la creatividad estaba presente. El ser humano ha ido encontrando (a veces sin intención de buscarlo) la forma de resolver sus problemas cotidianos mediante la creatividad. Por lo tanto, el hecho creador del ser humano nos ha permitido avanzar como sociedad y como individuos. Podemos afirmar que hemos sobrevivido porque somos creativos.

En nuestra opinión, la creatividad está tan presente cuando una ingeniera aeroespacial resuelve un problema complejo de resistencia de materiales como cuando su marido planea una cena para ocho invitados sorpresa con lo que tiene en la nevera. O quien es capaz de organizar el horario semanal de una familia para recoger a los niños de las actividades extraescolares. O hacer un poema de versos alejandrinos con rima consonante en los versos pares. Aunque resulte difícil creerlo o necesitemos haber desarrollado habilidades previas distintas, en todos estos ejemplos estamos siguiendo patrones de pensamiento creativo similares.

Del mismo modo Jerome L. Singer nos dice que la propia biología nos confirma que el ser humano presenta una característica que nos diferencia claramente del resto de las especies: nuestra capacidad de alimentarnos de una fuente infinita de estímulos por medio de imágenes, fantasías, sueños o fenómenos interrelacionados. Esta misma capacidad que nos permite proyectar hechos o conversaciones mediante procesos neuronales nos libera de la dependencia del medio externo. Es decir, así como otros animales tienen una fuerte dependencia de las cosas que ven o perciben, el ser humano puede generar «con los ojos de la mente» una secuencia de estímulos (aunque no existan en su realidad más cercana) y responder a ellos con la misma complejidad que lo haría a un estímulo real. Podemos reaccionar de manera casi mecánica a cosas que ya tenemos interiorizadas y a las que apenas prestamos atención mientras estamos pensando o inventando otras nuevas. ¿Cuántas veces hemos encontrado una solución a una cuestión laboral mientras conducíamos? Los artistas, en muchas ocasiones, tenemos que parar para anotar esas ideas tan creativas que nos surgen en las actividades más rutinarias o usar la grabación de audios para no perder esa lúcida idea.

De esta forma, ser capaz de encontrar soluciones a problemas cotidianos o conseguir elaborar pensamientos complejos desde una estimulación *no directa* se antoja como las herramientas necesarias para crecer y mejorar como especie. La creatividad es necesaria como una habilidad más dentro de la escala de madurez psicológica.

Vivir significa afrontar problemas y resolverlos significa crecer intelectualmente. Así, la creatividad se presenta como una vía de crecimiento. Quedarnos en las respuestas que ya se nos dieron como establecidas (en la escuela, en la familia, en la sociedad) servirá como base para la elaboración de nuestro propio pensamiento, pero será necesario ir más allá. De hecho, los currículos de todas las leyes educativas recientes en España (y son bastantes) inciden en la necesidad de que la escuela tenga como principal objetivo convertir al alumno en un ciudadano con pensamiento autónomo y crítico con su entorno. Es decir, la propia ley educativa considera que la cima del aprendizaje en la educación sería la autonomía del pensamiento, que no dependamos de las elaboraciones cerradas de otros, que las tengamos en cuenta, claro, para no partir de cero, para escuchar lo que estudiaron otros durante tanto tiempo, pero que no las tomemos como dogmas incuestionables, sino que apliquemos nuestro enfoque creativo para desarrollar nuevas ideas o formas de enfrentarnos a nuestros problemas actuales y futuros.

LA CREATIVIDAD COMO GRUPO SOCIAL

Ahora abordaremos aquello que compete al desarrollo individual de nuestra personalidad y nuestro crecimiento, pero como especie y grupo social también podemos aplicar la creatividad para la resolución de grandes problemas que amenazan nuestra continuidad. Un pueblo informado, dotado de aptitudes que le permitan utilizar esa información en la dirección adecuada, será un pueblo creativo y capaz de solucionar sus problemas.

La educación creativa estaría dirigida a constituir una persona dotada de iniciativa, plena de recursos y de confianza, lista para enfrentar problemas personales, interpersonales o de cualquier otra índole. Esa persona estará llena de confianza, pero también demostrará tolerancia hacia lo nuevo y hacia lo desconocido. Un mundo de gente tolerante estará integrado por una población pacífica y dispuesta a la colaboración, al entendimiento y al consenso más beneficioso para la mayoría. Por este motivo, es absolutamente necesario potenciar no solo una educación lo más amplia y diversa posible, sino motivar una aptitud creativa ante la vida y sus desafíos.

En estos momentos, la sociedad global se sitúa frente a grandes retos como grupo social: cómo mantener la paz y las relaciones cordiales entre los pueblos, cómo alimentar y vestir a una población en constante crecimiento, cómo conservar los recursos naturales..., y todo ello, nos tememos, pasa por ser creativo en el planteamiento de las posibles soluciones globales.

Si repasamos las características de la creatividad y el pensamiento creativo, tendríamos que aplicar estas premisas como grupo social:

- La sensibilidad hacia el entorno y los problemas que nos acechan.
- Una actitud receptiva ante las posibles soluciones creativas (esto choca con la polarización que está viviendo la sociedad con respecto a los ideales y los planteamientos políticos).
- La capacidad de adaptación y no ofrecer resistencia a la movilidad.
- Las capacidades de análisis y síntesis (también muy afectadas por la falta de veracidad y de contraste de la información que se recibe de los medios).
- Una originalidad que permita enfocarse en estos problemas de otra manera.

Estas serían las aptitudes y actitudes que como sociedad deberíamos perseguir. Y así vemos cuán importante es la creatividad en todas sus formas para un mejor futuro como individuos y como sociedad. La creatividad es, en consecuencia, una pieza clave de la educación y una de las herramientas fundamentales para la solución de los problemas más graves que acechan a la humanidad.

¿QUÉ ESTÁ PASANDO CON LA CREATIVIDAD?

«Desearía ser un teléfono móvil para que mi madre me mire» y «Desearía ser un meme para caerle bien a todo el mundo». Estas dos frases son reales, pronunciadas por dos niños muy distintos, una niña en Chile y un niño en una escuela de Valencia, ambos de diez años. Estos comentarios son un ejemplo muy claro sobre cómo las pantallas han pasado a tener un lugar preponderante en nuestro día a día, no solamente como pasatiempo de grandes y pequeños, o como herramienta de trabajo o de conocimiento (la IA ha venido para quedarse), sino también como parte de nuestros anhelos, deseos y relaciones.

El ciberacoso, la despersonalización y, por supuesto, la falta de profundidad o atención que aqueja nuestra sociedad tienen un punto de partida común: la escasez de control y la trampa de adicción y recompensa que implican las pantallas. La falta de creatividad es, tal vez, una consecuencia más. En realidad, la creatividad (como hemos visto ya en puntos anteriores) siempre ha estado al servicio de lo humano, de los sueños y los deseos. Si la humanidad deseó volar, lo consiguió creando, también navegar y entender las estrellas y construir grandes edificios... La rueda, la escritura, el arte o las propias pantallas son, ni más ni menos, fruto de la creatividad humana. Sin embargo, en los últimos años, de manera gradual en un principio y muy acusada desde que nos vimos sometidos al encierro del confinamiento, hemos asistido, en la práctica, a un descenso alarmante de la imaginación creadora y de, incluso, las relaciones físicas reales en pro del uso de dispositivos.

En mi caso concreto (soy Mar) lo que hago es sobre todo trabajar la poesía, con todas las edades, la prelectura (de cero a seis años) y la escritura creativa. Estoy muy especializada en estos ámbitos, por lo que mi experiencia es real y está basada en la práctica. Curso a curso. Se trata de un cara a cara continuo. En escuelas y bibliotecas, en distintas regiones, miles y miles de niños y niñas en todo tipo de lugares. Hablamos también de muchas horas y grupos de formación para docentes. A partir de esta experiencia que comenzó, de manera exclusiva, en 2010, podemos hacer un balance sobre los puntos y las variaciones que hemos notado en estos quince años, antes y después de la pandemia y con la escalada de las pantallas en el día a día.

Una de las cosas que hemos observado, y de la que las investigaciones también comienzan a hacerse eco, es un descenso en la capacidad de comprensión, una desconexión y una predisposición a comentarios como estos: «Yo no sé hacerlo», «Eso es muy difícil»... Tras estas expresiones se esconden las dificultades que niños y niñas tienen para comprender ideas abstractas o para mantener la atención. Y, sobre todo con los más pequeños, se advierte un retraso en aprendizajes básicos, como la lectoescritura, la comprensión lectora o la flexibilidad para aceptar y adaptarse a nuevos retos creativos. Es decir, ha bajado también su nivel de respuesta creativa, de juego, de sorpresa, de léxico o la flexibilidad con la que se enfrentan a estos retos.

LA ESPERANZA, A MODO DE CONCLUSIÓN

Un aspecto positivo es que los niños y las niñas siguen participando activamente y, si les interesa la actividad, pueden mantener la escucha activa durante casi una hora o colaborar en talleres de hora y media. En casos de mayor implicación y disponibilidad, se suman, sin dudar un segundo, a proyectos de más envergadura, de varias horas diarias y durante varios días. Ante la negativa inicial o el «A mí no me gusta leer» o «No me gusta escribir», siempre que se tenga una intención, un proyecto fundamentado y un recorrido bien pensado, y si esto se acompaña debidamente sin forzar ni obligar, la creatividad aflora. En caso de verse obligados a elegir entre el canto de sirena de las pantallas, ese hechizo que incluso a las personas adultas nos absorbe y nos roba horas y horas de nuestra vida, o una actividad grupal que interesante y creativa, se inclinarán por esta.

PARA MUESTRA UN BOTÓN:
Una vez realizamos, en una biblioteca pública, un campamento de poesía para niños y niñas de ocho a doce años. Fue de cuatro horas por las mañanas durante los cinco primeros días de las vacaciones escolares. Lo bautizamos como el campamento Caripélido.

Cuando llegamos había veinticinco niños y niñas de todas las edades, y veintitrés no paraban de quejarse: «Yo paso de estar aquí toda la mañana», «Mi madre me ha obligado», «Yo quería quedarme jugando a la consola», «Yo no quiero leer»... y un largo etcétera.

Al ver las caras de fastidio de lo que, para nosotros, iba a ser una experiencia maravillosa donde poder trabajar la poesía sin prisas y con varios proyectos pensados, les preguntamos:

—¿Quién está aquí voluntariamente, quién ha venido porque quería?

La sorpresa fue un cubo de agua fría porque solo levantaron la mano dos niñas. Prometimos al resto que los que quisieran no tendrían que volver al día siguiente, pero que, como no podíamos *devolverlos* a casa, tendrían que pasar aquella mañana con nosotros. Les pedimos que nos concedieran ese día de margen.

Tras cuatro horas de juegos poéticos, de leer, pensar y reír juntos, de explicarles lo que haríamos aquella semana y de que entre todos escribiríamos un libro que se quedaría allí, en la biblioteca, para que todos pudieran leerlo, les preguntamos qué querían hacer y si debíamos hablar con sus familias. Entonces, la pareja de niños de más edad, los que más se habían quejado al inicio, los que no querían saber nada de la poesía y menos de escribir y leer, se miraron y dijeron: «No, no habléis con nuestras madres. Hemos decidido daros otra oportunidad». Y así fue, nos dieron otra oportunidad y se la dieron a ellos mismos. Porque fueron los que más veces se acercaban a las estanterías de libros, los que más participaban, aunque siempre decían: «A mí no me sale...».

Y cuando llegamos al taller de metáforas, que es de los más complicados que solemos hacer con ellos, el más mayor, al que más le costaba, el que no quería leer casi nunca, no paró de escribir y escribir, y luego quiso leer sus metáforas, que fueron muchas, y una de ellas fue, además, fabulosa y confirmó que todo aquello había valido la pena, sobre todo para él, porque había descubierto que sí, que sí podía y que además lo hacía muy bien.

«La botella es la cárcel del agua».

Hugo (de doce años).

¿CÓMO POTENCIAR LA CREATIVIDAD?

La creatividad es un don de características prácticamente universales. Todos nosotros compartimos, hasta cierto punto, la capacidad creadora que admiramos en Shakespeare, Da Vinci o Einstein. La diferencia es que esos hombres la poseían en proporciones mucho mayores.

Doctor Ellis Paul Torrance

Esas características intrínsecas de la capacidad creadora de las que nos habla Torrance no siempre coinciden con lo que las instituciones educativas suelen desarrollar en el niño. En una investigación que el doctor Torrance (y sus colaboradores de la Bureau of Educational Research) hizo con más de 15.000 niños, de edades comprendidas entre la escuela infantil y el sexto curso, se demostró que la mayoría de los pequeños tiene un gran potencial creativo, pero que este se va destruyendo según avanzan los cursos, especialmente cuando llegan a cuarto de primaria. Y esto no se debe a que los educadores o los padres sofoquen deliberadamente la creatividad, según afirma Torrance, sino a que no saben identificarla y potenciarla, y que dejan espacio a otras características que consideran más relevantes.

En este mismo estudio, Torrance les preguntó a los profesores qué alumnos consideraban ellos que eran más creativos. La gran mayoría señaló a los niños más aventajados, con cocientes intelectuales (CI) elevados, pero Torrance descubrió que no eran precisamente los más creativos, sino los más obedientes, disciplinados y memorísticos, cualidades muy importantes para el aprendizaje, pero que no son precisamente las capacidades que mejoran la creatividad.

En otra prueba de ese mismo estudio, les preguntaron tanto a maestros como a alumnos que nombraran a aquellos niños que hablaban más, a los que tenían las ideas más brillantes, más malignas o más tontas. Ambos grupos coincidieron bastante. Consideraron los más brillantes a aquellos alumnos que, aun teniendo una creatividad baja, su CI era bastante alto. Y resultó que los alumnos que fueron etiquetados como los que tenían ideas más malignas o tontas eran los miembros más creativos del grupo según evaluaciones posteriores.

Contamos estos casos para evidenciar que, de forma habitual, tanto la escuela como las familias le damos mucho valor a determinadas capacidades y creemos falsamente que serán esas las que harán del muchacho un individuo creativo. Pero resulta que no. Quizá la escuela debería reflexionar al respecto e investigar otras dinámicas que permitan desarrollar esas otras habilidades creativas en lugar de arrinconarlas o censurarlas, y centrarse en ese desarrollo intelectual normativo.

A pesar de que el mismo doctor Torrance afirmó que sería imposible establecer un cociente de creatividad, porque no se presta a una medición reglada y estandarizada, él mismo creó un test de pensamiento creativo. Se trata de una prueba biométrica **que sirve para evaluar el nivel de creatividad figurativa y verbal de los niños**, para lo cual se valoran los componentes de fluidez (el número de respuestas), flexibilidad (la variedad de respuestas), originalidad (las respuestas novedosas) y elaboración (el nivel de detalle que enriquece la respuesta) ante diversas tareas.

Este test se dividía en dos partes diferenciadas (por un lado, la parte verbal y, por otro, la figurativa) y cada una de ellas contaba con tres actividades.

La parte verbal exigía una respuesta escrita y consistía en las siguientes propuestas:

- Prueba de preguntas y respuestas. A partir de unas fotografías de personas realizando acciones, los niños tenían que escribir todas las preguntas que se les ocurrieran y adivinar, además, las causas y consecuencias de estar realizando esa acción.
- Prueba de mejora de productos. Después de usar un juguete, los niños escribían una lista con distintas ideas de mejora y posibilidades de cambio de este.
- Prueba de usos inusuales. A partir de un objeto cualquiera, elaboraban una lista con las diferentes formas de uso y utilidad de ese mismo objeto.

La parte figurativa requería una respuesta dibujada y constaba de estas actividades:

- Prueba de construcción de imagen. A partir de una forma dada en un papel, se les pedía que pintaran el cuadro más creativo que pudieran a partir de esa figura.
- Prueba de completar la imagen. Se les ofrecían algunas figuras incompletas para que las completaran como quisieran y les pusieran un título.
- Prueba de círculos. Se les entregaba una plantilla con un montón de círculos con los que hacer objetos o dibujos.

En esta misma investigación, Torrance y su equipo establecieron algunos signos que consideraban claves en el desarrollo de la creatividad que veremos a continuación.

LA CURIOSIDAD

Los niños son curiosos por naturaleza y preguntan de manera persistente por todo aquello que les interpela. Esa curiosidad no siempre se manifiesta de manera verbal. Y no es extraño ver a los más pequeños manipular y sacudir sus propios juguetes para ver cómo reaccionan. Según se van haciendo mayores, su curiosidad se canaliza por otros cauces; por ejemplo, desmontarán los juguetes para ver cómo funcionan. Los niños creativos experimentan con palabras, objetos e ideas tratando siempre de extraer de ellos significados nuevos.

Según Viktor Lowenfeld, no deberíamos preocuparnos tanto por motivar a los niños para que tengan comportamientos *creativos*, pero sí deberían preocuparnos (y mucho) las restricciones psicológicas y físicas que el medio social, familiar y escolar pone en el camino del pequeño que crece, con lo que se inhiben su propia curiosidad natural y su comportamiento exploratorio. En las primeras edades, el niño no para de hacer preguntas y cuestionarse lo que le rodea. Pero años más tarde, en la escuela primaria, el sistema está organizado de manera que ese mismo niño tenga pocas oportunidades de hacer preguntas. Prácticamente las preguntas vendrán todas del maestro, y no como un intento de fomentar la curiosidad: «¿Por qué llegas tarde?», «¿Has terminado la tarea?», «¿Cuál es la respuesta al ejercicio 4?», «¿Quién descubrió América?».

No nos debe sorprender, entonces, que nos encontremos con niños desmotivados o poco curiosos y que sea necesario volver a estimularlos para que investiguen. Se trata de una habilidad que, en general, ha sido poco desarrollada, cuando una de las metas del sistema educativo debería ser promover un individuo investigador, curioso y creativo.

En este sentido, mi experiencia como docente (soy Jesús) en la escuela dio un vuelco cuando incorporamos el diálogo filosófico en el aula a través de un material sobre filosofía visual para niños, del que extrajeron algo muy importante: podían expresar su propia opinión, sus propias dudas y cuestiones, más allá de lo que pensara el profesor o lo que ellos creían que el profesor pretendía que dijeran. **Es inquietante comprobar qué pronto aprenden que en la escuela lo que vale no es lo que ellos piensan (y construyen), sino lo que el profesor espera de ellos**.

LA FLEXIBILIDAD

Cuando nos enfrentamos a un problema, es importante que seamos capaces de aplicar diferentes métodos para resolverlo. Y que cuando uno no funciona, podamos pensar en otro inmediatamente. Esto es la flexibilidad de pensamiento. En ocasiones, las ideas más alocadas en un principio han resultado ser las mejores para resolver algo. Por ejemplo, un pegamento en mal estado provocó la invención de las famosas notas pósit (esas de papel con una franja de pegamento que puedes quitar y poner). Por eso, hay que ser audaz en las propuestas. Y cuando estamos intentando resolver un problema, hay que ser lo bastante abierto para aceptar todas las propuestas y poder analizarlas sin rechazarlas en primera instancia.

Siempre me han llamado la atención esos cuadernillos de resolución de problemas que vienen encabezados por el título *Problemas de sumar y restar*. Bien, gracias, ya sé cómo se resuelven los ciento cincuenta problemas de este cuadernillo: o sumando o restando. No hay mucho desafío creativo aquí, ¿no? Lo que hay, más bien, es un entrenamiento de la destreza operacional.

Una de las mejores cosas que podemos hacer como padres para fomentar el pensamiento creativo es intentar no resolver enseguida los asuntos de nuestros hijos. Es mejor devolverles la pregunta para que sean ellos quienes encuentren soluciones. Y, por supuesto, potenciar la diversidad de soluciones e intentos para llegar a la resolución. En ocasiones nos encontramos con familias que consideran que la forma de mostrar el amor por sus hijos es resolver enseguida sus problemas, que no sufran y no lleguen a frustrarse porque no tienen lo que necesitan en ese momento. Una herramienta muy válida para que tengan autonomía de pensamiento y de acción es enfrentarse ellos solos a sus dificultades. Obviamente, si la situación es inabarcable, ahí estaremos nosotros para resolver lo que esté en nuestra mano, pero dejarles un espacio y un tiempo propios hará que vayan no solo desarrollando su creatividad, sino también su autoconfianza, al tiempo que se reducirá su frustración temprana.

SENSIBILIDAD ANTE LOS PROBLEMAS

Cuando un niño o niña visualiza enseguida qué información falta para resolver el problema, o si hay contradicciones en lo que lee u oye, o las excepciones que toda regla contempla, es un individuo creativo. Esto subraya lo importante que es pararse ante un desafío creativo para conocer todos los datos y ver qué posibilidades de resolución tenemos. Deben aprender a analizar las situaciones, leerlas en su complejidad y ser conscientes de lo que necesitan conocer para poder resolverlas.

Ayudarlos a desarrollar una visión global y, a su vez, sintética de los problemas les permitirá construir poco a poco esta herramienta creativa.

REDEFINICIÓN

Es la característica más reconocible de las personas creativas: cuando encuentran conexiones nuevas entre objetos que parecen no guardar ninguna relación o cuando descubren nuevos usos para objetos familiares. ¿Quién no se ha puesto a jugar e imaginar en la sobremesa qué podría ser un sacacorchos? Hay algunas estrategias para la potenciación de esta habilidad, y todo tiene que ver con el concepto de la metáfora (verbal o visual) que comentaremos más adelante.

En los talleres de teatro practicamos un juego muy conocido que consiste en ver en qué cosas se puede transformar un bastón (sin ser un bastón). Los integrantes del grupo han de imaginar en qué cosas convertir ese objeto. Al principio resulta fácil: una escopeta, una muleta, un telescopio..., así hasta dar varias vueltas al grupo. Luego se produce un cierto parón creativo, pero al cabo de otras tres vueltas, más o menos, el torrente de ideas es abrumador. Aunque suene exagerado, con determinados grupos hemos llegado a imaginar alrededor de ochenta funciones diferentes de un bastón.

Practicad con vuestros hijos esta dinámica de qué otra función puede tener un objeto. Os sorprenderá el resultado.

ORIGINALIDAD

El niño o la niña creativa muestran ideas fuera de lo común, interesantes, sorprendentes. Sus historias o sus dibujos presentan un estilo propio que los distingue del resto. Por supuesto, incluso el niño más creativo será incapaz de hacer descubrimientos absolutamente nuevos. Es probable que ya se haya inventado algo parecido antes, pero lo que en realidad importa son los redescubrimientos espontáneos, aquello que, sin que ellos sepan que ya se descubrió, sea totalmente original para ellos.

Valorar estos hallazgos propios y felicitar el proceso de búsqueda y el resultado potencian la perseverancia y la curiosidad.

CAPACIDAD DE PERCEPCIÓN

Los niños creativos acceden con mucha más facilidad a ideas sorprendentes. Son más valientes en localizar y seleccionar esas ideas y las plantean sin miedo. Cuenta Torrance que una niña de cinco años le comentaba a este respecto mientras hurgaba en una bolsa de regalos: «De la misma manera me vienen las ideas a la cabeza: busco y revuelvo un rato en mi mente hasta que encuentro algo que me gusta sacar fuera». Don Ramón Gómez de la Serna lo diría de otra manera en una de sus míticas greguerías: «La cabeza es la pecera de las ideas».

En resumen, estimulamos y potenciamos la creatividad de nuestros niños y niñas proponiendo actividades que se pueden aglutinar en estos tres bloques:

- Desarrollar los sentidos.
- Fomentar la iniciativa personal.
- Estimular la imaginación.

¿CÓMO Y POR QUÉ FOMENTAR LA CREATIVIDAD?

Tenemos derecho a crear y a jugar, y, sobre todo, tenemos derecho a disfrutar del proceso. No solamente se trata de afirmar que todas las personas somos creativas. Después de muchos años de experiencia en los que hemos intentado recuperar la creatividad lúdica en individuos de todas las edades y buscar la manera de posibilitar el juego y la creación en pequeños y grandes, podemos asegurar que si se facilita y acompaña es posible rescatar el derecho al juego y a *aprender* a vivir con creatividad.

La creatividad es un derecho que deberíamos preservar, promover o reconquistar por muchos motivos. Es importante sorprendernos por algo cada día, ser capaces de dar espacio al asombro y la alegría, pero también a la frustración o al fracaso cuando la idea no resulta como esperamos. Eso no es negativo ni debe acercarnos a la comparación. Y, por supuesto, no solo tenemos derecho a ello, sino también a hacerlo sin que se nos juzgue por el resultado. Podemos crear, jugar, aprender y equivocarnos sin que nadie coarte nuestras capacidades. Y algo muy importante que nos ha enseñado el trabajo de todos estos años es que todas las personas, mayores y pequeñas, por anquilosadas que pensemos que estén, por mucha resistencia que muestren o verbalicen, podemos volver a hacer funcionar el resorte que impulsa el juego creativo, y además pasarlo bien. Del mismo modo que hay elementos que inhiben la creatividad hasta hacerla casi desaparecer, también hay otros que la facilitan y la ponen en marcha. Aunque no lo parezca, crear un ambiente creativo es fácil, no necesita grandes infraestructuras. La mayoría de las veces lo que hacemos es, simplemente, acompañar y ofrecer herramientas, y para conseguirlo lo más importante es, como veremos más adelante con numerosos ejemplos, conocer el camino, saber qué y por qué, qué preguntas hacer y cómo guiar, acompañar en el paso a paso.

Si queremos incentivar la creatividad en la infancia, las personas adultas que medien (familiares, docentes, monitores, bibliotecarios...) han de haber recorrido el camino previamente, porque lo que más nos va a favorecer en la tarea es nuestro ejemplo. De hecho, no podremos guiar ni enseñar nada que no conozcamos antes. Por eso, si lo que queremos es facilitar un ambiente creativo en casa, en la escuela o en la biblioteca, lo más importante es conocer una actividad, haberla probado y participar al mismo nivel que el resto. Es decir, si en casa queremos incentivar propuestas para despegarnos de las pantallas, no podemos proponer a los niños que ellos realicen una actividad creativa (sea cual sea) mientras nosotros nos quedamos mirando el teléfono. Hacer cosas juntos, ya sea en familia o en grupo en clase, entre iguales, resulta tan importante como fomentar la autonomía y conseguir hitos individuales. Y para ambas cosas, debe haber tiempo. Cuando una propuesta creativa se pone a funcionar de manera exitosa es fácil que pueda extenderse horas. Si las dinámicas están bien establecidas y consolidadas de antemano, incluso puede que las busquen por sí mismos. En general, si se propone una actividad sugerente que implica la participación colectiva, y cuando no se ha entrado en esa dinámica de recompensa y dopamina que implica tener que secuestrar al niño o a la niña de la pantalla, van a preferir ese tiempo en familia.

Una opción sería proponer unas horas semanales, en exclusiva, para acceder a las pantallas, y otras para realizar actividades que impliquen la creatividad y el tiempo compartido: leer en voz alta juntos, jugar a juegos de mesa, disfrazarse, dibujar, cantar, cocinar, inventar rimas, buscar cosas en los paseos... Más adelante, propondremos una infinidad de actividades para hacer juntos, pero ninguna servirá si no establecemos una rutina, un tiempo, que sea sagrado e inamovible, para fomentar lo creativo, y si no dotamos al grupo, a la familia y al niño o niña de las herramientas necesarias para que ese tiempo se aproveche de manera satisfactoria.

Tal vez lo primero sería dejar un cesto en la entrada de clase o de la casa, donde se queden guardados los dispositivos electrónicos. Esta norma deberían respetarla todos, adultos y pequeños. Está demostrado que, a partir de cierta edad, cuando los muchachos no usan la pantalla, vuelven a hablarse y a compartir entre ellos. Son muchos los institutos de secundaria que están regulando el uso de los teléfonos móviles y el acceso a internet, del mismo modo que países como Islandia o escuelas que habían introducido el acceso al conocimiento de manera electrónica han comenzado a usar de nuevo el soporte analógico. Se regresa, por tanto, a los libros, a los lápices y a las libretas, porque ya se ha demostrado el beneficio de la escritura a mano y la lectura en papel, pues hay una relación directa en el tipo y la calidad de las conexiones sinápticas y los mapas neuronales que se crean, que además son diferentes si interviene la manipulación (el objeto físico) o se hace a través de la pantalla.

A nivel neurológico, como apunta el doctor Francisco Mora, ya se sabe que la lectura en pantalla, sobre todo en niños, activa lo que llaman la «atención digital». Este tipo de atención interfiere, directamente, en la atención ejecutiva «reposada», que necesita de tiempos lentos y que es la que se requiere en específico para llegar a la compresión lectora real. Aquí hablamos de lectura, pero también se ha dejado de manipular, de acceder al juego simbólico, y actividades como el teatro, las artes (modelado, objetos, escultura...) quedan relegadas cada vez más, con lo que se frena nuestro potencial humano, que, no olvidemos, es también nuestro potencial creativo.

DECÁLOGO: DIEZ COSAS QUE INCENTIVAN Y POTENCIAN LA CREATIVIDAD

LA PALABRA Y EL LENGUAJE

Nuestro lenguaje construye el pensamiento, es decir, pensamos con imágenes o con palabras. Para construir el pensamiento lógico o complejo (pensamiento concatenado, deducción o resolución de problemas), necesitamos el lenguaje. Pero ¿qué es el lenguaje? Podríamos decir que un lenguaje es un sistema complejo, compuesto por signos (sonoros, gestuales o visuales), y con una estructura común que sirve para canalizar la comunicación y la expresión humana.

Su representación necesita de símbolos (letras/palabras, manos, números, fórmulas, notas musicales, dibujos, relieve...) para poder ser interpretado. Hay muchos tipos de símbolos que construyen diferentes tipos de lenguaje.

Un lenguaje es, en sí mismo, el resultado de la creatividad humana. Si nuestro lenguaje no se hubiera desarrollado, si no hubiéramos sido capaces de hacerlo evolucionar y de crear otros nuevos, el desarrollo de la humanidad, como especie, se habría estancado. Por ejemplo, la escritura sería una evolución, bastante moderna, del lenguaje fonético. A partir de esta evolución podemos ver las diferentes ramificaciones y progresos que hemos conquistado con ese acto creativo: la escritura y la lectura. El lenguaje de programación que dio paso a la era digital sería una consecuencia de esta evolución.

Ante un mínimo estímulo aprendemos a hablar; el habla es nuestra, nos pertenece, y hay teorías que dicen que incluso la llevamos impresa en la genética. La comunicación se da hasta sin lenguaje. El mundo animal, incluso el vegetal, se comunica de distintas maneras. La comunicación es, por tanto, un territorio común. Sin embargo, el conocimiento profundo del lenguaje y el desarrollo de este, como constituye el acceso a la lectoescritura, forman parte de la evolución del habla. Casi treinta mil años nos costó aprender a dominar la escritura. La palabra escrita es, sin duda, el territorio de la razón, que engloba la costosa evolución del habla. De hecho, la lectoescritura es uno de los procesos de aprendizaje más complejos y largos. Se ha demostrado que no es posible alcanzar la misma destreza lectora si no se aprende a leer de forma adecuada en la infancia, cuando el cerebro está construyendo las nuevas autopistas neuronales y tiene una mayor flexibilidad. Esto se debe a que las redes neuronales que se establecen en la lectoescritura no existen previamente, sino que se generan de cero. Se abren nuevas vías y caminos, se crea una conexión nueva y que se vincula con tres destrezas: la psicomotricidad fina (la mano y el brazo para mover el lápiz), el ojo (para identificar las letras, tanto en la escritura como en la lectura) y el cerebro (que ha de ser capaz de interpretar este nuevo código fonético y visual que articula el pensamiento).

En los primeros años, la conquista del habla es un factor clave en el desarrollo y la madurez de los distintos procesos mentales. El lenguaje hablado da paso al pensamiento metafórico a través del juego simbólico. Más tarde se suma la lectoescritura como un hito nuevo, que coincide con la estructuración del pensamiento más complejo, el lógico o racional. En cada una de estas fases podemos acompañar y ofrecer un impulso que ayude a alcanzarlas y afianzarlas con solidez. Si fomentamos el uso y disfrute del lenguaje, estaremos también fomentando la creatividad. Así, podemos facilitarlo desde el mismo momento del nacimiento con nanas, retahílas corporales, adivinanzas, canciones, rimas, lectura compartida, juegos de escritura y recitado de poemas en los primeros años, porque, cuando leemos, como dice el filósofo Gaston Bachelard, ponemos en marcha la imaginación creadora.

Cada una de las fases evolutivas de Piaget tiene un tipo de lenguaje para acompañar la infancia. Se trata de un lenguaje lúdico e imaginativo que ayuda a ir afianzando cada uno de los hitos. Así, cuando leemos, cuando inventamos y creamos, lo que se pone en marcha va más allá de la ocurrencia del momento o del vínculo afectivo inquebrantable que estamos fortaleciendo: la lectura y la expresión escrita dotan de recursos a nuestra mente y ofrecen posibilidades reales para enfrentarnos a los problemas, pero el aprendizaje va mucho más allá. Pensamos con palabras, pero también nos relacionamos con el mundo a través de ellas porque existe un vínculo real entre la emoción y el lenguaje. Por eso, cuántas palabras contemos en nuestro haber y de qué maneras seamos capaces de usarlas determinará nuestras posibilidades de transformar, a través del pensamiento y la creatividad, nuestra realidad.

Hablar, contar, leer y jugar con la infancia más allá de las pantallas genera un vínculo afectivo y ofrece seguridad a la infancia. Está demostrado que una infancia a la que no se mira, no se habla y con la no se comparte tiempo arrastrará carencias emocionales, cognitivas y de vinculación para toda su vida, como ponen de manifiesto los estudios realizados con personas que pasaron sus primeros años en orfanatos y que no eran atendidos emocionalmente (esto es, que no se les hablaba ni se les miraba), o las consecuencias del abandono o los malos tratos en la infancia.

Además, son numerosos los estudios y los experimentos que

prueban que la fisicidad de la lectura en papel ofrece beneficios que la lectura en pantalla no brinda.[2]

Un estudio[3] ha demostrado el llamado efecto de superioridad del papel: «Las personas comprenden mejor un mismo texto si lo leen en papel que si lo hacen en digital (por ejemplo, en tabletas u ordenadores). Estas conclusiones son una novedad en la literatura científica en la medida en que actualmente cada vez es más frecuente la introducción de nuevos medios tecnológicos en las escuelas». Y sigue con un dato muy esclarecedor: «En cuanto al perfil del lector, Ladislao Salmerón asegura que la superioridad del papel se incrementa en las personas menores de veinte años. "La generación que ahora tiene dieciséis años muestra un efecto de superioridad del papel mayor que el que mostraban generaciones anteriores. Para que quede claro, las nuevas generaciones comprenden todavía más en papel que en digital, en comparación a las generaciones previas"».[4] Tras realizar unas pruebas con niños pequeños o con estudiantes jóvenes que consistieron en unas lecturas en pantalla o en papel, se concluyó cómo la experiencia de la lectura en papel obtenía unos resultados mejores que en pantalla. Los resultados más resaltables se daban, sobre todo, con relación a la compresión de los textos, la memoria de lo leído y la capacidad de atención.

Por todo lo expuesto en este primer punto, podemos afirmar que el lenguaje, la palabra y la mirada alientan la creatividad, pero también son una necesidad real para la comprensión de todo cuanto nos rodea y para afianzar la seguridad y el afecto. Todas las personas

---

2 - https://cerlalc.org/wp-content/uploads/2020/04/Cerlalc_Publicaciones_Dosier_Pantalla_vs_Papel_042020.pdf.

3 - Estudio liderado por la Estructura de Investigación Interdisciplinar de Lectura (ERI Lectura) de la Universitat de València.

4 - https://www.uv.es/uvweb/psicologia/es/movilidad-intercambio/ori-facultad-psicologia-logopedia/novedades/eri-lectura-universitat-demuestra-leer-papel-es-mas-efectivo-digital-1286010520317/Novetat.html?id=1286054372857ç.

necesitamos que nos miren, nos hablen y nos comprendan, porque, como decía el filósofo Ludwig Wittgenstein, «los límites de mi mundo son los límites de mi lenguaje».

LA MEMORIA POÉTICA

Nacer es, sin duda, el acto más violento y bestial que soporta un cuerpo humano todavía débil y a medio desarrollar, más brutal, sin duda, que morir. Tal vez por eso nuestra memoria —y la biología, que es sabia— no alcanza a recordarlo. El trauma del nacimiento, por amoroso o respetuoso que sea, es inevitable. Por lo que, al abandono del paraíso que supone (o debería suponer) la estancia en el vientre materno, hay que sumar el grado de inmadurez, la dependencia total (que algunas corrientes de pediatría y psicología llaman el año de embarazo extrauterino) y, sobre todo, la falta completa de conciencia (corporal y mental, propia y del otro).

En el vientre, el lenguaje existe, la voz de fuera ya está presente. Hay lenguaje, pero no conciencia de este. Hay palabra, pero es un murmullo, un sonido, una canción. Hay ritmo, que nos acuna, sentimos el latir del corazón, ese misterio, que, al llegar el logos (la razón), se convierte en el tiempo. Así, el enigma del latido (de estar vivos) se transforma en segundos que pueden medir el tiempo, o sea, atrapar lo infinito. El tiempo no es más que un recurso desesperado de la razón para intentar apresar el insondable misterio de la vida. Y, tal vez por eso, cantamos. Porque no hay angustia que no sea menos si se canta. El ritmo acalla el miedo.

Sí, quizá nos hayamos puesto un tanto poéticos, pero es que de eso va también este libro, en cuyas páginas afirmamos que existe una poética para cada etapa infantil. La creatividad popular ayuda a las madres y a las familias a alimentarla con el acto amoroso de dar la palabra y el ritmo. Cada momento tiene sus poemas.

Tomaremos la clasificación que presenta Ana Pelegrín en el libro *La flor de la maravilla* como base (pero libremente interpretada y desarrollada), para aproximarnos y explicar cada uno de los tipos. Comenzaremos por las canciones para los recién nacidos y terminaremos con los juegos para los más mayores.

Poesía de tradición oral:

- **Nanas y canciones de arrullo:** un recién nacido está indefenso. Para calmarlo intentaremos emular, de nuevo, el dulce balanceo acuático, prenatal e intrauterino. El primer vínculo afectivo es este y su lenguaje son las nanas: las primeras retahílas escénicas, puesto que al tomar al niño en brazos y mecerlo tratamos de representar o recrear un espacio anterior ya perdido.
- **Corporales:** las canciones y rimas servirán para avivar el contacto afectivo con el niño y estimular la comunicación. También, por supuesto, entrarían todas las canciones, retahílas y juegos corporales con los que los niños toman conciencia de su cuerpo, por ejemplo, las retahílas de conciencia corporal, de balanceo, de cosquillas, las de cucutrás, levantarse, caer, etcétera. Por ejemplo: «Cinco lobitos tiene la loba / cinco lobitos detrás de la escoba / Cinco tenía, / cinco crio, / y a todos ellos / tetita les dio», «Tita pon un coco / y mañana otro / ¿quién se lo comerá? / ¡(nombre del niño o niña) será!», «Al paso, al paso, al paso / mi caballo va al paso / Al trote, al trote, al trote / mi caballo va al trote. / Al galope, al galope, al galope...».
- **Mágicas y de encantamiento:** si hay un modo de observar el poder que la palabra tiene sobre nosotros es, sin duda, con estas retahílas y cancioncillas de encantamiento, las fórmulas mágicas para quitar el miedo o eliminar el dolor nunca fallan. Como dice Vygotsky, el pensamiento (que es el lenguaje) no puede desvincularse de lo afectivo. Por eso, no hay niño o niña al que no le cure la letanía de «Cura sana, patita de rana / si no se cura hoy / se curará mañana», o que no se calme con esta otra: «Luna lunera / cascabelera / debajo de la cama / tienes la cena».

- **Tipos de retahílas escénicas:**
  - —Primeros años del niño: «Cinco lobitos tiene la loba / cinco lobitos detrás de la escoba / Cinco tenía, / cinco crio, / y a todos ellos / tetita les dio».
  - —Mágicas: «Luna lunera /cascabelera / debajo de la cama / tienes la cena».
  - —De sorteo: «Pito pito, gorgorito / dónde vas tú tan bonito / a la era vinajera / pin pon fuera».
  - —Acción entre varios: desafíos, diálogos, etcétera: «¿Quién pasa? / Un burro por tu casa / Por la mía pasa y por la tuya caga».
  - —Prendas: «Antón, Antón, / Antón pirulero / cada cual, cada cual / que atienda su juego / y el que no lo atienda / pagará una prenda».
  - —Burlas: «Teresa, / pon la mesa/ que viene tu madre / con la pata tiesa».

- **Retahílas, cuentos y fórmulas:**
  - —Cuentos de nunca acabar: «Esto era un rey que tenía tres hijas, / las metió en tres botijas y las tapó con pez / ¿Quieres que te lo cuente otra vez?».
  - —Cuentos mínimos: «Estaba la reina en su gabinete / vino Gil y apagó el candil».
  - —Enumerativos: «A la una nací yo / a las dos me bautizaron / a las tres me puse novia / a las cuatro me casaron / a las cinco tuve un hijo / a las seis se me murió / a las siete lo enterramos / a las ocho morí yo».
  - —Encadenados: «Yo tenía diez perritos, / uno se me fue a la nieve...».
  - —Acumulativos: «Estaba la mosca en el moral...».
  - —Mentiras y disparates: «En mi vida he visto yo / lo que he visto esta mañana / una gallina en la torre / repicando las campanas».

- **Refranes y adivinanzas**
- **Trabalenguas**
- **Canciones de corro**
- **Romances**

Estas nueve formas de poesía oral tienen unas características propias: brevedad, sencillez en el vocabulario, ritmo, reiteración, ilógica o absurdo. Todas ellas facilitan su memorización, en muchos casos acompañadas de música, de manera que todos guardamos en nuestra memoria primera estas canciones o retahílas, y las transmitimos del mismo modo que nos fueron transmitidas a nosotros: con la voz y el gesto. De esta forma fomentamos, alimentamos y recuperamos la memoria poética. Con la canción, la rima y el juego nutrimos la creatividad y la parte más viva del lenguaje.

LA MIRADA CREATIVA

La vista es el sentido más desarrollado en los humanos y también el más utilizado. De hecho, suele prevalecer sobre los otros en un porcentaje muy alto. Y cuando empezamos a perderlo, momentánea o definitivamente, nos damos cuenta de lo valiosa que es. Pero en esos casos también nos hacemos conscientes de que podemos usar los otros sentidos. Reparamos, por ejemplo, en que somos capaces de identificar con más detalle la distancia que nos separa de un objeto por el sonido que produce o que es mayor la cantidad de información que recibimos por su textura a través del tacto. Con todo, aunque nos esforcemos por reeducarnos para sensibilizar un poco más los otros sentidos, la vista es el que más usamos porque recibe información directa sobre las cosas. Según los estudios científicos, cerca del 50 por ciento de nuestro cerebro se dedica a procesar lo que vemos.

Decía Leonardo da Vinci que «todo conocimiento tiene su origen en las percepciones». Un primer paso para conocer las cosas es, obviamente, cómo las percibimos. Así, la percepción de los niños y las niñas es sincrética, capta por totalidades. Esto quiere decir que percibe los objetos de una manera esquemática. Esta primera percepción estará, por tanto, llena de inexactitudes que tendremos que ir *corrigiendo* en la medida en que hacemos un mayor análisis de esa totalidad. Es decir, entrenamos esa discriminación de los detalles. Un primer paso podría ser fijarnos en lo que diferencia al objeto percibido de otro, y luego también buscar similitudes con otras realidades.

Como ya hemos indicado antes, la creatividad suele utilizar unos procesos cognitivos e intuitivos basados en la unión de elementos dispares. Un acto creativo sucede cuando el cerebro humano conecta dos objetos, palabras, imágenes o ideas que nunca antes había conectado. Esta potencial conexión suele llegar cuando encontramos una pauta común entre los elementos: quizá una parte de ellos coincidan en la forma, tengan el mismo tamaño o directamente encajen el uno sobre el otro. De esta manera, la propia forma del objeto puede ayudar a encajarlo con otro, a acoplarse. Si hablamos de términos o palabras, tal vez la semejanza entre ellas por sonoridad pueda provocar una conexión (por ejemplo, «Cuando haces pop, ya no hay stop», el famoso eslogan de unos snacks). Este tipo de conexiones se usa en la mnemotecnia. Asociaciones fonéticas, rimas... que, a partir del pensamiento creativo, nos ayudan a recordar.

En este sentido, si queremos tener una mente despierta y creativa, debemos entrenar nuestra *mirada* para ver las cosas con otros ojos, desde otra perspectiva. Cuando hablamos de mirada, no nos estamos refiriendo exclusivamente al sentido de la vista (como se indicaba al principio del apartado), sino a la percepción básica de lo que nos rodea. ¿Qué ve un niño cuando no está frente a la pantalla? Podríamos decir que ve la realidad, su propio entorno, lo que lo rodea. Dicho así, y con los tiempos que corren, esto se antoja un concepto revolucionario: dejar que los niños puedan pararse a mirar lo que tienen alrededor es algo realmente potente.

La mirada creativa, esto es, mirar de otra manera, significa intentar no aplicar prejuicios sobre las cosas ni dar continuidad a lo estandarizado, a lo habitual, sino justo eso, mirar con ojos nuevos, como si se hiciera por primera vez y, sobre todo, se intentara encontrar lo que conecta ese objeto o concepto con algo relativamente alejado de él.

Veamos un ejemplo con una escultura de Pablo Picasso, un *ready-made* al modo de Duchamp, que halló a partir de un objeto cotidiano puesto en otra situación. La escultura se llama *Cabeza de toro* y fue realizada en 1942, a partir de la unión del manillar de una bicicleta y un sillín (si no la conoces, te animamos a que la busques en internet). La conexión de ambos elementos nos recuerda indefectiblemente a una cabeza de toro, no nos haría falta tan siquiera el título para que percibiéramos lo que evoca.

Esta escultura ejemplifica a la perfección lo que significa *educar* la mirada. El artista ha conectado dos objetos próximos (ambos pertenecen al mismo contexto, la bicicleta), pero su propia fisonomía le recuerda a otra cosa. De todos es conocida la afición de Picasso por la tauromaquia y es obvio que esto influyó en esa conexión, en esa metalectura de ambos objetos. Jugar a encontrar semejanzas o vincular objetos nos entrenará en esa conexión creativa que podemos ir desarrollando. Los niños y las niñas suelen tener esta mirada bastante limpia por defecto. Solo hay que ver cómo transforman las piezas de construcción en otras cosas por completo diferentes.

Nos gustaría poner otro ejemplo, en concreto una de las actividades que solemos hacer en los talleres de escritura creativa. Esto es, por lo general empezar jugando con el alfabeto como resumen y matriz de todo el lenguaje. Una de las tareas que proponemos es ver a qué se parecen las letras. Intentamos encontrar entre todos las similitudes entre la grafía de cada letra y algunos objetos cercanos. Por ejemplo, la letra A se asemeja a una montaña o a un tipi; la letra Y podría parecer una copa de champán, como nos recuerda el poeta Ramón Gómez de la Serna en sus greguerías. Esta actividad ya implica el hecho de mirar las letras de otra manera, puesto que se intenta encontrar parecidos con objetos cercanos. Como comentaremos en próximos capítulos, al principio tal vez les cueste un poco, pero luego, una vez *entendido* el juego, vendrá un torrente de ideas y de conexiones entre objetos y letras. Es algo parecido al reconocimiento de grafías que suelen hacer los niños y las niñas cuando están en el proceso del aprendizaje de la lectoescritura, cuando se fijan en todos los rótulos que aparecen en la calle en tiendas y carteles, y reconocen al instante la letra de su nombre.

Prueba a jugar con tus hijos a ver qué forma tienen las letras y a qué se parecen. Luego no podrás parar.

En los siguientes capítulos veremos cómo podemos potenciar esa mirada para que sea lo más creativa posible.

EL JUEGO SIMBÓLICO

En el libro *Jugar* (de la editorial Litera), André Stern sostiene que, mientras que los adultos intentamos evadirnos de la vida cotidiana con el juego, los niños lo utilizan para conectarse plenamente con la vida, consigo mismos y con el mundo. Por eso, el juego en todas sus facetas es fundamental en la infancia. Es uno de los momentos más importantes en el desarrollo de su personalidad y su crecimiento. En ocasiones le damos un valor negativo y utilizamos expresiones del tipo «Con eso no se juega» o «Esto no es un juego. Tómatelo en serio», como si este fuera algo de menor valor o que rebajara la relevancia de lo que se hace o sucede. El juego proporciona muchas claves de desarrollo social y refuerza la perseverancia y la búsqueda de soluciones creativas cuando se encuentra con alguna situación compleja. Podríamos decir que representa un excelente laboratorio previo a la vida, sin las consecuencias que pudiera desencadenar el fracaso en esta. Perder jugando nos enseña a perder en la vida y nos prepara para no frustrarnos enseguida o aceptar la derrota. Y ganar en el juego nos ayuda también a considerar el éxito como un cúmulo de capacidades, esfuerzo y, por supuesto, oportunidades que nos fueron favorables. En este sentido, el juego simbólico es una vía de conexión directa con la sociedad y las relaciones que se establecen en ella.

Cuando hablamos de juego simbólico nos referimos a esos en los que el niño o la niña proyectan sus anhelos y aspiraciones a través de diversiones en las que reproducen roles de personas cercanas o arquetipos de personajes u oficios. Cuántas veces habremos visto a un niño pequeño tomar una pieza de construcción y, simular que es un teléfono móvil, hacer aspavientos con las manos, como si mantuviera una acalorada discusión a través de ese aparato, exactamente igual que hacemos los adultos. No obstante, creemos que el *summum* del juego simbólico es el momento en el que una niña te ofrece una tacita de plástico llena de una mezcla barrosa y te pregunta si quieres tomar un café. Obviamente hay que aceptarla sin dudarlo y simular que te lo tomas todo, mostrando un agrado inconmensurable («Mmm, qué rico está»).

LA FUNCIÓN SIMBÓLICA EN LA INFANCIA

Durante los primeros seis años de vida (lo que Piaget llama periodo preoperacional), el elemento fundamental de la actividad cognitiva del niño será el desarrollo de la función simbólica. Esta será la clave para la transición desde la inteligencia sensoriomotora del niño, de carácter más práctico, hasta la inteligencia conceptual.

A través de la actividad lúdica y del juego simbólico, el niño experimenta una gran evolución en cuatro aspectos de crucial relevancia: inteligencia, afectividad, competencia lingüística y desarrollo social. Según Lev Vygotsky, el niño puede superar las posibilidades evolutivas de su edad a través del juego. Por lo tanto, el juego simbólico no resulta solo la demostración de la adquisición de esos logros sociales y cognitivos, sino que es también un espacio posibilitador de su propio desarrollo. La ficción del juego simbólico acoge las necesidades y los anhelos del niño, y esto permite que se satisfagan en el plano imaginario. De esta manera, estaremos potenciando su evolución y maduración.

LOS SÍMBOLOS EN EL JUEGO

Los símbolos son el soporte de la ficción y los elementos sobre los que gira la acción: objetos, roles o situaciones reales se verán simbolizados en el propio juego. El palo de la escoba, por ejemplo, se transforma en un caballo y se utiliza para cabalgar alegremente sobre él, pero también puede ser un telescopio con el que mirar las estrellas o la vara que utiliza un equilibrista para mantenerse en la cuerda floja. Así, el niño mantiene, recrea e interpreta la realidad a distancia a través de estos símbolos. El juego simbólico, en definitiva, es el del hacer *como si*. Desde este punto de partida, el niño asume roles que no le son propios en la realidad o asigna a los objetos significaciones nuevas, factor que influye muy positivamente en su desarrollo creativo.

En este juego imaginativo, los niños se apropian de la realidad a través de estos gestos o signos verbales que, en definitiva, constituyen un lenguaje dramático. Un *como si* que se convierte en acción dramática en esa realidad inventada, jugada, y se apoya en un lenguaje corporal y verbal. Es el primer teatro del niño. Por ejemplo, cuando jugamos a los papás y las mamás (en todas sus variantes posibles) se están entrenando en el plano de lo imaginario para la realización de una concreción futura. El juego es un entrenamiento involuntario. El niño vive la experiencia del adulto en un mundo lúdico que no resulta comparable a la realidad.

Para favorecer el juego simbólico, es recomendable dejar a su alcance telas o ropas viejas que puedan constituir un estímulo para interpretar diferentes roles. Lo ideal serían elementos que puedan transformarse en distintas cosas. Presenta más posibilidades una tela, que puede transformarse en bufanda, capa, capucha..., que una gorra de policía propia de un disfraz ya arquetípico, que de por sí ofrece menos posibilidades.

EL ENTORNO

El pedagogo Henri Wallon demostró cómo las creaciones infantiles se encuentran estrechamente inspiradas en los modelos que observan los niños o en las directrices recibidas del adulto. De hecho, en la observación del juego de los niños, Wallon considera que solo a partir del momento en el que el otro puede manifestarse en el juego es cuando aparecen las verdaderas creaciones. Es decir, la presencia de un otro (adulto o niño) posibilitará o incluso reforzará la creación de los niños.

Es importante destacar una máxima que mantenemos siempre en los talleres creativos: «de la nada no sale nada». Por este motivo, un entorno enriquecido con modelos atractivos y no estereotipados favorecerá la actitud creativa. No es lo mismo utilizar como modelos las ilustraciones de Květa Pacovská, que están inspiradas en el arte contemporáneo abstracto y que, a pesar de representar figuras humanas o animales, son propuestas muy arriesgadas y artísticas, que un dibujo esquemático y estereotipado como los de Disney.

Un estudio realizado por Mel Rhodes en 1961 titulado «An Analysis of Creativity» estableció un modelo de análisis basado en cuatro variables relevantes en el desarrollo de la creatividad. Se conoció como la teoría de las cuatro P de la creatividad, porque esas variables (en su acepción en la lengua inglesa) comienzan por la letra p: *person, process, press* y *product*, esto es, la persona que crea los procesos de trabajo y creación, la presión del entorno y el producto.

En este apartado veremos cómo *la presión del entorno*, es decir, el lugar en el que se crea, puede influir de manera positiva en el trabajo creativo. Según el estudio de Rhodes, el entorno de creación es relevante porque determina la manera en la que actuamos. Hasta ese momento, no se había dado tanta importancia al espacio físico como un factor influyente en el desarrollo de la creatividad. Aunque su estudio está dirigido a grupos de pensamiento creativo a nivel empresarial, podemos extrapolar este análisis a nuestro entorno familiar o escolar.

ESPACIOS QUE FACILITAN LO CREATIVO

Rhodes establece que un espacio abierto, con las menores trabas posibles, luminoso y con el mayor número de elementos que permitan jugar, favorecerá un mayor flujo de ideas y estimulará la creación. En este sentido, el espacio de juego (o el elegido para la creación) ha de ser lo más abierto posible, en especial si se trata de niños más pequeños, en el que podamos movernos con mayor libertad, sin muchos recovecos ni rincones, y en el que podamos colocar juguetes (u otros materiales) sin temor a que se pierdan.

La luz es un factor fundamental para la creación. Un espacio bien iluminado siempre será un lugar más adecuado para la creación. De modo que hay que garantizar que la luz sea lo más amplia posible, evitar zonas de sombra y que nuestro propio cuerpo no tape la luz sobre el material de trabajo (se puede extender al trabajo de escritorio). En cuanto a los materiales, ya hemos hablado en otros apartados de esto, pero es fundamental que los juguetes (o los elementos utilizados) sean lo más abiertos posible. Es decir, que no tengan una única posibilidad de uso, que sus posibilidades no estén tan marcadas.

ESPACIOS EXTERIORES

Francesco Tonucci, un pedagogo italiano, desarrolló en su libro *La ciudad de los niños* toda una teoría de cómo el urbanismo y el diseño del espacio urbano podían ayudar a pacificar la ciudad, así como posibilitar un mayor desarrollo cognitivo y creativo en la infancia: «Una ciudad educadora pensada en los niños les debe permitir salir de casa y aprovechar los espacios públicos para vivir la experiencia de la aventura, del descubrimiento, el juego, toparse con obstáculos y probar la satisfacción de superarlos o la frustración de lo lograrlos». No en vano, en muchas ciudades se han ido reorganizando los espacios para facilitar que los niños y las niñas puedan jugar con libertad en sus calles y plazas. Otra de las grandes decisiones que se ha tomado en muchos municipios son los recorridos a pie hasta la escuela: los itinerarios se han marcado con baldosines en las aceras para promover que los niños y las niñas vayan caminando hasta su colegio. Ese trazado estaría diseñado para cruzar zonas menos transitadas por los coches o incluso cortadas al tráfico para ir tranquilamente sin miedos a posibles accidentes.

En esta línea, en muchas escuelas de España también se ha establecido el concepto de patios cooperativos o coeducativos, en los que se da prioridad a la diversidad y multiplicidad de juegos para que no lo domine todo el fútbol u otros juegos de pelota, que es lo que viene siendo habitual. Los patios coeducativos, más allá de una mejora física del espacio de juego y encuentro, son proyectos que intentan **transformar las relaciones basadas en roles de género** que se perpetúan en nuestra sociedad y que se reflejan ya desde la infancia. Para ello se delimita el espacio, se proporcionan otros materiales de juego, como combas, gomas elásticas, construcciones, juguetes de temporada (peonzas, yoyós), etcétera.

SOBRE EL ORDEN Y EL DESORDEN

Como ya avanzamos antes, uno de los factores determinantes para el desarrollo de la creatividad es la forma en la que miramos las cosas. Una mirada atenta y no estereotipada tendrá más posibilidades de generar conexiones creativas. En este sentido, siempre será más fácil la lectura de la realidad cuando encontremos un entorno visualmente *limpio*. Es decir, un espacio en el que los objetos mantengan cierta armonía permitirá mayores asociaciones creativas. La percepción será más clara, más concreta y podremos vincularla mejor con otros objetos o imágenes.

No obstante, todos conocemos muchos casos de artistas que necesitan del desorden de su estudio para crear mejor. Requieren disponer de todos los materiales (cientos de botes de pintura por el suelo o extendidos sobre una mesa; pensemos, por ejemplo, en el estudio de Francis Bacon) para tener todas las posibilidades al alcance de la vista. Ese lugar que para un profano puede suponer un auténtico caos es muy productivo para una persona que necesita localizar de inmediato ese material, imagen o color concreto en el que está pensando o que, dejándose llevar por las sensaciones o por el azar, elige en el momento sin una gran reflexión detrás.

Por lo general los artistas se rodean de muchas imágenes de ideas que se asemejan a lo que quieren representar: las diseminan en el estudio, las cuelgan en la pared. Como dijimos en el punto anterior, sirven de estímulo para la creación. Lo que otros hicieron antes que yo me puede allanarme el camino hacia lo que realmente estoy buscando.

LA LIBERTAD Y LA EXPERIMENTACIÓN

Ya hemos visto la importancia de poder jugar a crear sin juicio. También es fundamental tener espacios de libertad. Esto genera una interesante paradoja, porque, sin duda, nunca hemos tenido una infancia tan controlada y tan protegida como en la actualidad.

El dispositivo móvil, la pantalla, se ha convertido en una extensión de esa necesidad de control. Las ciudades, como dice Francesco Tonucci, son peligrosas porque no hay niños. La escuela es un espacio controlado, y luego están las extraescolares, las actividades recreativas..., los niños y las niñas nunca comparten tiempo entre iguales ni espacios de libertad sin control adulto.

Por desgracia, ese exceso de control se ejerce también con las pantallas, es decir, están vigilados de manera continua, bien por personas adultas o bien por la luz brillante de la pantalla y todo lo que se esconde detrás de ella.

¿Cuántas horas de nuestras vidas dedicamos a mirar las imágenes pasar? ¿Qué contenido están viendo sin que, la mayoría de las veces, lo sepamos? ¿Quién vigila y produce el contenido que los niños y las niñas consumen? **Protegemos a la infancia de los peligros del mundo real, pero, sin casi pensarlo, la dejamos expuesta al mundo virtual sin reparar en las consecuencias.**

La libertad, sin duda, requiere de un alto grado de responsabilidad. Necesitamos buscar espacios seguros donde la infancia pueda, realmente, realizarse, tener ideas, resolver conflictos, proponerse juegos..., es decir, ser niños y niñas sin el sempiterno control de un adulto.

Del mismo modo, el acompañamiento adulto es imprescindible para poder construir esta libertad de manera sana. Somos su ejemplo. La infancia necesita modelos que imitar, ejemplos y experiencias en las que apoyarse. Por tanto, además de preservar y buscar estos espacios donde la infancia pueda construirse, también precisará ese tiempo de calidad, de conversación y de juego en el que las familias o los docentes serán ejemplo y guía o, tal vez, simplemente facilitarán material y se apartarán. A veces, el adulto tan solo propondrá, porque ofrecer sin molestar o guiar sin obligar no es tan fácil como podría parecer. Respetar los ritmos y, sobre todo, confiar en ellos, si brindamos un espacio y un tiempo para la libertad, no es tarea sencilla. Saber mantenerse en el lugar exacto, sin intervenir, pero ser una figura de seguridad para ellos. En definitiva, ser proveedores de lo que demanden a una distancia prudencial.

Crear talleres, clubes de lectura, tardes de juegos al aire libre, de construcción, de arte, de diálogo... son propuestas atractivas para hacer frente al desafío. Si algo hemos podido comprobar en estos años como educadores es que cuando a los niños y las niñas se les ofrece un lugar y una propuesta lúdica y creativa, con una actividad validada y aprobada anteriormente, eligen estar entre iguales en lugar de mirando la pantalla. Y, en general, también eligen participar: crear, escribir, recitar en voz alta, salir a colgar poemas, crear un libro colectivo... incluso leer poesía o hacer teatro. Esta es nuestra experiencia, la que podemos validar con años de práctica exitosa.

En mi experiencia personal (soy Mar), en concreto, tengo la suerte, como ya he compartido antes, de trabajar con niños y niñas de todas las edades. Aunque suelo trabajar con público cautivo, en centros escolares, intento respetar al máximo ciertas premisas que van dirigidas a salvaguardar la libertad y la experimentación. Son experiencias personales, pero aquí van, por si os sirven:

- Aunque las propuestas están medidas y pensadas paso a paso, siempre se intenta que elijan si participan o no.
- Es importante no corregir. Si hemos estado practicando con la rima y un texto no la tiene, no pasa nada. Simplemente les preguntamos si les gusta. En general necesitan la validación e intentamos ponernos de su parte, sea cual sea el resultado. Tampoco corregimos las faltas de ortografía, pues estamos jugando. Intentamos también que las maestras no lo hagan a no ser que nos pregunten, que es la mayoría de las veces, porque, en general, quieren aprender. No estamos en clase de Lengua.
- Es importante respetar que alguien no quiera hacer algo, ya sea escribir, leer en voz alta o participar de un recital colectivo. A día de hoy nos atrevemos a decir que todas las personas que han iniciado la actividad con una negativa, sobre todo a leer en voz alta, en público, terminan sumándose de manera espontánea.
- Intentamos, aunque contemos con muy poco tiempo, que haya espacio para que compartan entre ellos, trabajen en parejas o utilicen la mente colmena. Es impresionante ver cómo funciona la creatividad en grupo y cómo se multiplican las posibilidades.

Como contamos anteriormente, cuando hemos tenido la suerte de poder ofrecer entre quedarse la primera semana de vacaciones en casa «jugando a videojuegos» o venir cada mañana al campamento poético «a hacer cosas de poesía», han elegido venir. El proyecto fue consensuado y las actividades elegidas entre una gran batería de propuestas. La idea de crear un libro colectivo fue asumida con gran responsabilidad y seriedad por todos los niños y las niñas. Todos quisieron participar en el recital en voz alta. Todos trabajaron duro, pero también jugaron, hablaron, discutieron y crearon mucho: pareados, rimas, metáforas, susurradores, colgada de poemas, poemas univocálicos, leyeron libremente mucha poesía... Y, por supuesto, cuando ya habíamos paseado por la poesía y sus recursos, crearon poemas por su cuenta, sin indicaciones, ni tema, ni forma. Los resultados fueron maravillosos. Uno de ellos, encaja como anillo al dedo:

Yo caminaba y caminaba
y con la gente me encontraba
con su teléfono en la mano.
Llegué a casa y vi a mi mamá
viendo la televisión.
Fui a comer fresas y vi a papá
con su móvil.
Estaba con Rafa y él jugaba a la Play
y pasaba de mi cara.
Rosana hablaba con sus amigas por Skype
y parecía muy guay, pero pasaba de mí.
Ese día no hablé con nadie de nada,
nadie habló nada.

Firmado por AAD (de 11 años)

O este otro, de Lucía Sánchez (de 11 años):

El reloj de arena
quiere atrapar el tiempo.
Nosotros vamos y venimos
pero él siempre estará ahí.

EL TIEMPO DE NO HACER

Dicen que el aburrimiento es la antesala de la creatividad. Sin embargo, parece que estamos empeñados en no aburrirnos ni un solo segundo al día; incluso durante nuestro tiempo libre tenemos que estar haciendo algo, consumiendo algo, ocupando el tiempo. Esa es la premisa: no perder el tiempo.

Sin embargo, tanto la neurología como la psiquiatría, como apunta Marian Rojas Estapé, afirman que es necesario incluir tiempo de no hacer nada para potenciar el aburrimiento consciente, es decir, permitir que el cerebro descanse y divague sin interrupciones para impulsar otro tipo de actividades que no sean de consumo (desde la comida hasta contenidos virtuales).

No hacer nada productivo es una actividad desafiante. La contemplación, ver pasar las nubes o mirar las estrellas, caminar sin un destino previo... Nada de eso puede ocupar el tiempo porque es perderlo. Y, actividades sencillas, como buscar piedritas, palos u otros objetos (la actividad preferida de la infancia) se convierten, casi, en una misión imposible. Parece que es más importante actualizar las redes, leer correos o mirar el último vídeo viral. Es fácil ver a niños y niñas, cada vez más pequeños, en restaurantes, consultas, medios de transporte, etcétera, absortos frente a la pantalla. Hipnotizados.

Sin embargo, no hacer, contemplar sin más, disfrutar de las pequeñas cosas, es infinitamente más valioso que cualquier otro tiempo. Cuando una niña se sorprende por la forma cambiante de una nube y descubre la cara de un león no es tiempo perdido. Cuando un niño guarda palitos y piedras como un tesoro es tiempo ganado a la vida y a la experimentación, al diálogo interior y a la libertad.

Tiempo para aburrirse sin recurrir a la dopamina fácil de las pantallas es la simiente perfecta para que nazca la posibilidad creativa y aparezca el juego libre, la construcción, el juego del lenguaje, la invención de personajes, la escritura, la lectura... Porque **no hacer nada es un acto revolucionario en nuestros días y, por supuesto, la semilla de todo lo creativo.**

LA COOPERACIÓN O EL VÍNCULO CON EL OTRO

Como ya hemos comentado, el mundo del juego es el medio natural de los niños y las niñas para el desarrollo personal y el aprendizaje positivo. El juego es una importante tarea y pura diversión, y el medio ideal para un aprendizaje social positivo por su carácter natural, activo y motivador.

Tradicionalmente, y en determinados juegos, se ha potenciado una competencia excesiva, que priorizaba la victoria única e individual y que enfrentaba a los jugadores hasta el extremo de llegar al engaño o incluso a la agresión física o verbal. Pero, cuando los niños experimentan el éxito de conquistar un objetivo a través de la cooperación, el placer es mucho mayor, y así lo verbalizan. En especial cuando este éxito viene relacionado con la resolución de problemas (creatividad).

Terry Orlick, en su libro *Libres para cooperar, libres para crear*, insiste en que jugar con otros siempre será mejor que contra otros. El hecho de superar desafíos juntos y poder gozar con la propia experiencia del juego reafirma las relaciones sociales y produce una satisfacción colectiva que prevalece sobre la individual. Orlick nos recuerda que ningún jugador tiene que mantener su estima a costa de la del otro:

> El aprendizaje de la cooperación también puede mejorar la capacidad del niño para crear o animarle a ello, permitiéndole hacerlo en una atmósfera menos amenazante. En resumen, los juegos cooperativos pueden satisfacer el deseo de participar en actividades de tiempo libre divertidas y ajustadas al nivel de destreza personal por el mero placer de divertirse.

Si bien una de las capacidades que potencian la creatividad es precisamente la espontaneidad y la toma de iniciativas personales, el trabajo cooperativo ayudará a conquistar nuevos enfoques de resolución y permitirá descubrir vías y formas creativas que quizá serían inalcanzables sin la cooperación con los otros.

Ya ha quedado lo bastante demostrado que el uso indiscriminado de las pantallas provoca soledad y aislamiento, un escenario diametralmente opuesto al que estamos sugiriendo para la mejora de nuestra creatividad conjunta. Y aunque, en ocasiones, los propios muchachos nos quieren convencer de que a través de los juegos en red están «conectados» con otros, lo cierto es que esos otros (que no tienen corporeidad, que no están presentes) funcionan como meros elementos accesorios para el placer personal. Claro que se puede hacer un trabajo en equipo, aunque estemos a distancia. Esto es algo que hemos tenido que aprender a hacer a partir de las nuevas herramientas profesionales como las videoconferencias. Pero es cierto que para determinadas tareas resulta imprescindible la presencia del otro, apoyarnos en su fisicidad, su mirada, su estar ahí, el compañerismo que sustenta nuestras decisiones (aunque no sean del todo acertadas).

En los últimos tiempos estamos viviendo (en especial entre los jóvenes) un aumento de lo que se ha llamado fobia social, un miedo a la exposición pública que, claro está, impide la colaboración con otros. Ese miedo a relacionarse se está incrementando desde que el uso de las pantallas ha permitido una *funcionalidad* casi total desde el rincón de nuestra habitación. Podemos hablar con otros, pedir comida, *jugar*, ver el mundo de los demás (aunque esté maquillado y edulcorado), incluso insultar o vejar desde el anonimato, y además sin ninguna implicación personal ni corporal. Curiosamente, esas actitudes más violentas se están volviendo más comunes justo por la escasa implicación presencial en ellas. Si la interacción fuera en directo, cara a cara, seguro que mucha gente no mostraría tanto odio en las redes sociales.

EL TEATRO SIEMPRE ES UN TRABAJO EN EQUIPO

En los grupos de teatro amateur de todas las edades (niños, jóvenes y adultos) con los que colaboramos siempre insistimos en la importancia del trabajo en equipo. En la práctica teatral es fundamental el trabajo con el otro. Todo gira en torno a la interdependencia no solo entre las personas que están en escena, también con los diferentes oficios teatrales, como la persona responsable del sonido o de la iluminación y los encargados de atrezo y vestuario. Imaginad un árbol que se haya fabricado para una función y que, en mitad de una representación, se desmorona. O que una música no entra a tiempo o que un compañero se equivoca en una réplica. Todo ello es importante en una obra de teatro. Esto es lo que siempre transmitimos en los talleres, que no es más importante el que tiene más texto o el que sale más tiempo, sino que todos son fundamentales: para sostener el castillo de naipes hacen falta todas las cartas.

Lo más maravilloso de este trabajo es contemplar cómo el grupo trabaja en conjunto para que el resultado sea satisfactorio a partir de las premisas establecidas en los ensayos. A veces hay errores, pero el grupo se encarga de tejer esa red colaborativa para que el que tropieza y cae esté sostenido y no se haga daño. Entre todos, sacamos la obra adelante.

Por otro lado, cuando se produce un olvido o un error, el grupo demuestra hasta qué punto conoce la obra, porque es capaz de resolver la situación modificando la escena o inventando texto en ese momento para que la historia no pierda coherencia. ¿Eso no es ser creativo? En una evaluación de una actividad al final del curso, una niña nos sorprendió con el siguiente comentario: «Me ha gustado comprobar que si teníamos un error, el grupo lo resolvía, te ayudaba. Y eso me daba mucha tranquilidad, mucha confianza, porque sabía que no pasaba nada si se me olvidaba algo. Confiaba en que alguien del grupo me ayudaría a resolverlo».

TRABAJAR DESDE EL SÍ

Entre otras técnicas o ejercicios, solemos practicar la improvisación teatral. Nos basamos en las teorías de Georges Laferrière, que utiliza el match de improvisación, un juego que se originó en Canadá como parodia de las competiciones de hockey y que podemos disfrutar tantísimo en las ligas de impro de toda España. Uno de los conceptos que más nos gustan del match de impro, o de la improvisación teatral, es que hay una norma tácita a partir de la cual siempre se aceptan las ideas. O sea, hay que trabajar desde el sí. De hecho, las normas del juego penalizan cuando un jugador rechaza una idea o un personaje. Cuando una idea o un personaje aparece en el juego, hay que aceptarlo y jugar con ello. Esto, que en ocasiones pone en verdaderos aprietos a los jugadores, es una de las premisas más hermosas de esta práctica teatral. Todos trabajamos juntos por un bien común y cuando surge una novedad hay que integrarla en lo que estamos haciendo. No la rechazamos, no la expulsamos, no la cancelamos. Podríamos tomar gran ejemplo de esta actitud para el resto de las situaciones de la vida. Nos ayudaría a construir una sociedad mejor en la que nadie sobra, sino que todos tenemos un hueco y, entre todos, tenemos que buscar cuál es.

EL ARTE DE HACER(SE) PREGUNTAS

Una manera de avivar y fomentar el pensamiento y la creatividad es hacerse preguntas. Nos servirán para reflexionar sobre qué caminos seguir. De hecho, es imprescindible hacerse preguntas y responderlas con honestidad.

Hay dos tipos de preguntas:

- Las que podemos lanzar al grupo para guiar una propuesta, que usamos como disparadero. Si formulamos las preguntas correctas

(lo veremos en la parte de las propuestas prácticas), la creatividad aflora de manera espontánea.
- Las que hay que hacerse para dentro, a modo de reflexión sobre el sentido de lo que estamos haciendo o lo que queremos hacer.

Algunas preguntas nos pueden servir para escuchar. Otras para animar la conversación. Pero, sobre todo, sirven para acompañar el proceso creativo.

Casi todos nuestros talleres creativos se acompañan de las preguntas para facilitar el proceso creativo. Otras veces, el propio diálogo se convierte en el material creativo. Este es el caso de «Decir y preguntar», un taller a partir de las preguntas y sus respuestas. Veamos el resultado de este taller:

—¿Qué tienes en tu pequeño interior? —le pregunta el buzón a la carta.

—Es un secreto —le contesta la carta.

Niño de la clase X (de 10 años), Colegio Estudio, Madrid

De hecho, la mayoría de las veces no pensamos en la forma en que hacemos algo hasta que alguien nos pregunta cómo lo hacemos. No obstante, antes de llegar a ese punto, si queremos diseñar propuestas creativas, es interesante que, primero, nos hagamos unas cuantas preguntas con sinceridad. Algunas preguntas fundamentales que nos planteamos y que consideramos imprescindibles en el momento en el que queremos iniciar un intercambio intelectual, afectivo o creativo con otras personas serían las siguientes:

- **¿Por qué hago las cosas?** Cuando tenemos que elegir entre un millón de cosas que podemos hacer (elegir un poema, un libro, un tema para propiciar la conversación...), es complicado responder. Lo importante es saber qué sentido tiene para mí, qué lo convierte en algo significativo, por qué lo quiero compartir. Los porqués suelen estar relacionados, por supuesto, con la propuesta que queramos acompañar: una lectura de poesía o de libros, la escritura de un cuento, cocinar un bizcocho, pintar un cuadro... Por ejemplo: ¿por qué quiero leerles este poema y no otro? Desvelar qué nos mueve a elegir un poema, una propuesta o una forma de presentar un libro hace que, buscando las respuestas, aparezcan algunas claves. Muchas veces puede ser un mapa, donde cada zona resaltada corresponde a un lugar reseñable que nos gustaría recorrer conjuntamente. A veces el porqué es la respuesta. Si se acerca un cumpleaños tenemos una razón para elaborar y decorar un pastel, hacer guirnaldas, preparar un regalo, hacer un dibujo... Y tendrá un sentido claro.

- **¿Para qué?** Solemos preguntarnos para qué quiero hacer o no algo. ¿Es algo sustancial para mí? Si la respuesta es sí, seguramente será significativo para quien escucha. Con esta pregunta, el para qué suele desvelar el verdadero significado de las cosas que hacemos. En general, es una pregunta que deberíamos hacernos muy a menudo, sobre todo si trabajamos con niños y niñas. Puede ser una pregunta tramposa, porque esconde un motivo oculto, y desvelarlo es una manera de huir de él. Es necesario discernir entre el deseo de compartir y la necesidad de comunicar algo, o averiguar si ese «para qué» esconde una actividad meramente funcional y productiva. Por ejemplo: ¿qué sentido tiene leer un poema del otoño? Podemos leer un poema precioso del otoño, con niños y niñas pequeños, por ejemplo, este de Lorca:

Tan, tan.
¿Quién es?
El Otoño otra vez.
¿Qué quiere el Otoño?
El frescor de tu sien.

No te lo quiero dar.
Yo te lo quiero quitar.
Tan, tan.
¿Quién es?
El Otoño otra vez.

Después de leerlo pueden suceder varias cosas:

1. Leerlo y ya está. Aunque no lo parezca, leer un poema es una actividad creativa y creadora.
2. Podemos, incluso, leerlo en primavera. Eso sí que sería rompedor actualmente, cuando parece que todo se hace para buscar un resultado: leer un poema del otoño en primavera porque nos da la gana.
3. Por supuesto, siguiendo las directrices didácticas, podríamos leer el poema del otoño. Hacer una ficha del otoño. Y pintar cosas de color marrón: dibujar hojas y castañas hasta aborrecer el otoño todos juntos.
4. O... podemos leerlo en otoño y usar la pregunta como disparador creativo: ¿es cierto que el otoño será un ladronzuelo? Entonces podemos salir al campo a buscar el otoño y saber qué quiere de nosotros. Sin más, salir a mirar, observar y dejar que el viento nos dé en la cara. Incluso podemos buscar esas hojas, ramas y frutos que el otoño ha robado a los árboles. Buscar y mirar, simplemente, tocarlas, tal vez. No hace falta recogerlas, o sí, lo que nos apetezca. Y de ahí podríamos enlazar con otras actividades artísticas que nos alejen del concepto primero: dibujar en la tierra, hacer formas con ramitas, crear un nido, amontonar piñas... Sea como sea, al hacernos una pregunta colectiva, las posibilidades se disparan. Y, además, veremos con claridad el sentido del poema. Al acabar la actividad podemos leerlo de nuevo y hablar de él: si nos gusta, si no, si tiene música o no, qué otras cosas nos podría quitar ese otoño juguetón. «El verano —soltó una niña una vez—, el otoño nos roba el verano». Y vaya si tenía razón.

Por supuesto, quien dice un poema del otoño dice cualquier otra cosa, otro poema, otra actividad... La clave está en preguntarnos qué objetivo tiene lo que estamos haciendo, para qué lo hacemos, qué significado tiene y por qué pensamos que es importante, o si, en el fondo, está supeditado a otro deseo y no es más que un accesorio para conseguir un objetivo concreto: hacer una ficha, aprender un color, etcétera. Si la acción (artística-estética-reflexiva) no tiene sentido por sí misma, será la pregunta del para qué la que nos dará la clave.

- **¿Desde dónde?** Otra pregunta interesante, desde luego. En nuestra opinión, solamente ha de formularse desde el respeto. Como esta palabra está muy manida intentaremos acotar:
    1. Buscar la horizontalidad, huir de la mirada vertical. Compartir lo que sabemos no nos hace más ni mejores. Saber hacer algo y compartirlo desde la pasión y contando con la curiosidad innata y las ganas de aprender cosas nuevas es un regalo mutuo. Permitirnos aprender, emocionarnos y hacerlo con pasión.
    2. Respetar a los interlocutores, tengan la edad que tengan. En general, la infancia siempre nos sorprende, tenemos anécdotas y escenas maravillosas grabadas en la memoria. No menospreciemos la inteligencia ni las capacidades de quien tenemos delante.
    3. Acompañar en ese camino con responsabilidad y conocimiento, es decir, saber de qué estamos hablando y escuchar. De hecho, la mayor parte de nuestro trabajo se fundamenta en la escucha. ¿Desde dónde? Desde el respeto y la complicidad, y poniéndonos siempre de parte de la infancia.

- **Las preguntas esenciales:** Y, por supuesto, están las preguntas esenciales o preguntas guía que podemos hacerles a los niños y las niñas y que serán detonantes de creatividad. Por ejemplo, si queremos hablarles de poesía, preguntamos: «¿Alguien sabe qué es eso de la poesía?», y a partir de ahí, vamos hilando: «¿Para qué sirve la poesía?» o «¿Sabéis por qué escribí este libro/poema?». Son preguntas subjetivas, o esencialmente subjetivas, que se convierten en un resorte para hablar, recitar, debatir y, por supuesto, sentir. Algunas de estas preguntas dejan nuestra emoción a flor de piel y en contacto directo con la materia poética; otras nos alborotan y nos sumergen en el juego, la risa y los ojos brillantes. Todas las sesiones se enriquecen con ellas. Sería, parafraseando a Stern, acercarnos al tiempo de formulación poética.

- Desde ahí es fácil llegar a las **preguntas resorte**, que son las que podemos usar para entrar de lleno en el juego creativo. Nuestros talleres se basan en esas preguntas detonantes o resortes creativos. *A juego lento*, uno de los libros de Mar, en el que recopila muchos talleres creativos para niños y niñas, está construido a partir de preguntas prácticamente en su totalidad. Porque preguntar es un resorte fabuloso para alentar el pensamiento y la emoción, pero también nos sitúa, de una manera formidable, en el territorio de la creación.

CREAR DESDE LO COTIDIANO

La palabra «creatividad» suele ir cargada de cierto halo de excepcionalidad y de privilegio, como si las personas creativas hubieran sido tocadas por la varita de un hada que les ha dotado de esa capacidad para crear. La literatura mitológica y fantástica ha contribuido a esa visión mágica y animista que sitúa a las personas creativas en un estatus cercano a los superhéroes o algo así. «Es que tú eres muy creativo». Y ya está, como si eso justificara el esfuerzo, la perseverancia, la mirada analítica, la búsqueda, los modelos..., como si la creatividad fuera un don divino caído del cielo y no se pudieran aprender o potenciar las habilidades que la facilitan.

Como educadores nos cuesta asumir este planteamiento de que el ser humano posee unas capacidades determinadas y de ahí ya no se puede salir. Creemos firmemente en la educación y en que, con un buen diseño didáctico, con motivación y con recursos (no olvidemos esto), es posible potenciar y hacer crecer muchas otras capacidades del individuo. Ya lo hemos visto en muchas ocasiones: alumnos que no sobresalían en la escuela llegan a ser grandes científicos, o muchachos que distorsionaban mucho la dinámica del aula resultan ser disciplinados y grandes líderes en actividades artísticas.

No, la creatividad no es para unos pocos. Es cierto que puede ayudar poseer ciertas habilidades o predisposiciones que nos han sido transmitidas genéticamente, pero el ambiente familiar, las condiciones socioeconómicas y el propio desarrollo de la personalidad serán también condicionantes muy importantes a la hora de ser más creativo o menos.

Pero como ya dijimos en los primeros apartados, la creatividad es una habilidad que todos los humanos poseemos en mayor o menor medida para la cual no es necesario contar con grandes laboratorios en casa o con los mejores pinceles. En el último apartado del libro facilitamos algunas propuestas con materiales muy accesibles. La creatividad está al alcance de cualquiera y puede ser potenciada con las cosas más cotidianas. Vamos a ver de qué modo.

Podemos fomentar la creatividad en el propio uso del lenguaje del día a día y la cantidad de juegos posibles a partir de él. Aunque en el último capítulo os damos propuestas muy concretas, podemos también jugar dándole la vuelta a las palabras, jugar a hablar al revés, reconocer las palabras que se leen igual leyendo en ambas direcciones (como «reconocer»), hablar sustituyendo todas las vocales por la misma vocal («Cuando Fernando Séptimo usaba paletón / Caanda Farnanda Sáptama asaba palatán»). También podemos buscar rimas para todos los objetos cotidianos del hogar. Por ejemplo, la cuchara se puede llamar Sara y le gusta lavarse la cara. O el tenedor se llama don Ramón y juega en el comedor. Podemos aprender adivinanzas, trabalenguas o retahílas acordes a la edad del niño o entretener los viajes con trayectos largos con las palabras encadenadas. Como veis, en cualquier esquina, trayecto o viaje, encontramos un juego con el lenguaje. ¡Ahí va un pareado!

También existe una actitud creativa al vestirse. Resultará complicado combinar la educación estética y aprender a compaginar colores y prendas con el sentido del ridículo que aparece a determinada edad. Pero dentro de las múltiples combinaciones posibles de la ropa, seguro que encontramos la fórmula más creativa, aunque a veces se aleje del sentido estético de los adultos. Aquí también nosotros, los adultos, tenemos que hacer un aprendizaje. Cuando dejamos que crean y se vistan a su modo, ha de ser desde sus propios parámetros.

¿Hay algo más cotidiano que un calcetín? Introducir la mano en un calcetín lo convierte automáticamente en un muñeco con vida propia. Es uno de los títeres más sencillos que podemos hacer. Lo mismo ocurre con un guante vuelto del revés. Algo tan sencillo como una prenda de ropa que se convierte en un personaje con el que podemos contar una historia o establecer un diálogo fantástico. ¿Os animáis a descubrir con este personaje la extravagante aventura de los calcetines desaparecidos? O, como nos recuerda Gianni Rodari en su *Gramática de la fantasía*, la cuchara que se acerca a la boca del niño y que, justo antes de llegar, realiza un bucle, un giro y con su incomparable ruido de motores se eleva hacia el techo para terminar *aterrizando* en la boca del bebé:

> Pero el niño, al menos hasta cierta edad, corresponde de buena gana a ese juego, porque despierta su atención, puebla de personajes su comida [...], da un significado simbólico al acto de alimentarse, extrayéndole de la cadena de las servidumbres cotidianas. Comer se convierte en un hecho estético, un «jugar a comer», un «representar la comida». También vestirse o desvestirse.

La actitud cotidiana de un niño es la de estar siempre jugando a ser otros, a reproducir los personajes que pueblan su imaginario. Su ánimo enseguida lo lleva a convertirse en otro. Tomar el cepillo y utilizarlo como micrófono para transformarse en un cantante, galopar por el salón sobre el palo de la escoba, o usar la toalla para mutar en un superhéroe al salir del baño. Cualquier objeto a su alcance servirá para jugar a ser otra persona. Y si encuentra la respuesta de otro niño o un adulto que también juega con él, será el espacio ideal para la creatividad y el juego teatral. ¿Vale que yo era un árbol y tú un caballo?

Otro momento familiar y que puede convertirse en habitual es leer juntos en voz alta. Sentarse en el sofá del salón o en la cama de la habitación para compartir una lectura será un foco de momentos divertidos, además de creativos. Hay familias que piensan que cuando el niño ha conquistado la lectura autónoma ya no hay que leerles en voz alta. Es una gran equivocación porque siempre habrá textos que aún no estén al alcance de su competencia literaria y que necesiten de la ayuda de nuestra lectura en viva voz para adentrarse de manera más cómoda en ellos. Además, ¿por qué deberíamos perder un momento tan hermoso de encuentro familiar compartido por el mero hecho de que hayan conquistado un hito madurativo? Resulta difícil de entender. ¿Quién no disfrutará de la lectura de *Alicia en el País de las Maravillas*, *Bambi* o *La llamada de lo salvaje*? ¿O incluso de *La isla del doctor Moreau* con los más mayores? El simple hecho de leer juntos ya es un tiempo ganado para la concordia familiar. Pero, además, es que con determinados títulos podemos entrar en esas conversaciones que a veces nos cuesta tanto iniciar. ¿Quiere usted decir que un artefacto llamado libro puede hacer que, en lugar de estar mirando una pantallita, pasemos la tarde con una conversación sobre la modificación genética en animales y sus consecuencias éticas? Sí, eso digo. Gracias, señor H. G. Wells.

Tomar cuatro papeles viejos, plegarlos y graparlos para convertirlos en un libro. Escribir en él una pequeña historia inventada sobre el señor Bombilla y su compañero Linterna. Añadirle una portada de cartón y forrarla con restos de revistas o periódicos o folletos publicitarios. Ilustrar el relato con rotuladores o acuarelas. Cualquier cosa de la casa puede acabar siendo un libro o formar parte de él. O pequeñas esculturas con material de desecho. Pero de verdad de desecho, de lo que iba a ir a la basura. En el ayuntamiento de Reggio Emilia (Italia) han abierto un almacén llamado Remida que recoge materiales de desecho de más de doscientas fábricas del entorno: materiales fallados o stock al que no le pueden dar salida y que este proyecto recupera para potenciar la sostenibilidad y la creatividad. Todas las escuelas infantiles (o asociaciones de la ciudad) se surten de este almacén para conseguir tapones, tiras de plástico, telas, botes, hilos, carretes, cartuchos, palos... y poder luego hacer talleres creativos de reciclaje.

Podemos trasladar esta idea al hogar. Si tenemos la posibilidad de habilitar un espacio en algún lugar de la casa para coleccionar todos estos materiales podremos disponer de un infinito almacén de materia prima de creación: los tapones de las botellas, los briks limpios, hilos, ropa vieja, papel para reciclar, rotuladores gastados... y acudir ahí cada vez que queramos plantear una propuesta creativa para hacer con las manos. Con esto demostramos que no es necesario tener materiales muy elaborados o muy caros para dar rienda suelta a nuestra creatividad. Lo importante es disponer de tiempo y espacio, sobre todo espacio para albergar dicho almacén.

Si vivís cerca de la naturaleza, como ya explicaremos en el último apartado, podréis encontrar gran cantidad de materiales que podéis llevaros a casa para jugar y crear con ellos. Recordad que el aire libre es nuestro origen ancestral. La conexión con la naturaleza provocará enseguida ideas y posibilidades creativas. ¿Quién no recuerda momentos de la infancia jugando en la nieve? ¿O los juegos en la playa haciendo castillos o todo tipo de construcciones? ¿O recopilar conchas, palos o piedras? ¿No fueron acaso grandes momentos creativos?

A veces hay que tener precaución con que los peques no se lastimen. O contar con que algo puede suceder e ir preparados con un buen botiquín.

Siempre que aparece una caja de cartón en casa (si hemos cambiado la nevera o comprado unos zapatos), disfrutaremos de un excelente momento creativo. Si la caja es muy grande, lo primero que haremos (como hacen los gatos) es intentar meternos dentro. Una casa, un castillo o un camión. Si no, podemos recortar y pegar para fabricar cualquier otra cosa: un casco para un disfraz de astronauta o de caballero medieval, o un vehículo espacial, o un conjunto de viviendas para muñecos. Si las cajas son pequeñas, también se pueden pintar de un color o retirarles la capa de papel pintada y forrarlas con celo y crear un juego de bloques de construcción.

¿Y qué mejor lugar para ser creativos que la cocina? Desde pensar posibles combinaciones para el bocadillo hasta preparar platos con formas o brochetas de frutas o tartas y bizcochos. No hay cosa más fascinante que mirar a través de la ventana del horno cómo sube la masa del bizcocho. Desde luego, esa ventanita es mucho mejor que la pantalla.

Luego, como siempre decimos, en la etapa adulta la cocina será el espacio de mayor creatividad en el hogar. ¿Cómo preparar cena para cuatro con «lo que hay en la nevera»? ¿Qué comemos hoy?

Estamos viendo cómo se pueden provocar juegos creativos con los objetos y las situaciones más cotidianas. Y cuando no tengo nada a mi alcance, ¿qué hago? Pues siempre nos tenemos a nosotros mismos. Nuestro cuerpo. Podemos poner música clásica (o relajada) y dejarnos llevar bailando, moviéndonos por la sala. Seguir el ritmo con los brazos, a modo de director de orquesta, o luego ir marcando el tempo. Más tarde, se pueden incorporar el torso y las piernas, y evolucionar de movimientos más pequeños a otros más amplios e intentar atrapar el máximo espacio posible. De repente, podemos cambiar de música, poner algo más tribal, de percusión, o incluso algo más roquero y, ale, ¡a dar saltos! Luego conviene volver a la otra música más relajada y regresar a la calma.

Pero el verdadero reino de la creación será la habitación o la sala de juegos. El imperio de los juguetes. Allí podremos ver cómo un dragón se transforma en el caballero que conquista el castillo que hemos realizado con piezas de construcción, que a su vez está protegido por un peluche amoroso y lo vigila un camión volquete lleno de figuras alienígenas. El ejército de indios ataca por el flanco derecho, mientras el helicóptero de salvamento descuelga un avestruz por la torre norte. Llega la diligencia conducida por un zombi y se enfrenta a la grúa de la que cuelga el rey Melchor. Al final, el castillo termina destruido por un rayo.

Todo queda en calma en la casa. En silencio. Todos los padres sabemos que cuando hay silencio, cuando el jolgorio se para, hay que preocuparse. Pero no es así del todo. La calma, el no hacer nada, el silencio..., en fin, aburrirse y no saber qué hacer será el momento más productivo y creativo de todos los que podamos imaginar. Cuando el niño se aburre, se abre un universo de posibilidades, se pone en marcha la maquinaria creadora y comienza a darle vueltas a mil cosas. Se activan *problemas* a los que hay que buscar solución, vuelven a primer plano asuntos que habíamos dejado atrás, miramos a nuestro alrededor o nos miramos a nosotros mismos y empezamos a investigar. La forma de nuestras rodillas, ese dedo *raro* del pie o las arrugas que tienen nuestras manos. ¡Qué curioso es todo!

Hablamos del pensamiento concatenado de ideas que nos llevan a otras. Y en ese momento de aburrimiento... ¡bum!, surge la magia y nos ponemos manos a la obra: dibujar, recortar, construir, modelar, bailar, escribir, recitar, actuar... o cualquier cosa que se nos pase por la cabeza en ese momento. Sin ningún objetivo claro, porque sí, porque me apetece probar esto y lo otro, por puro placer creativo. Ya lo hemos dicho, **el aburrimiento es la antesala de la creatividad**.

CÓMO TERMINAR CON/APAGAR/ ASFIXIAR LA CREATIVIDAD

Hoy por hoy, cuando se define a una persona como creadora suele llevar unida la coletilla «de contenido». Sin duda, la era digital ha reformulado el término y ha generado nuevos usos y modos de aprovechar el impulso de la imaginación creadora. También, por supuesto, ha cambiado la manera de relacionarnos y ha fomentado la adicción y el acoso virtual, creando un nuevo lenguaje con términos que definen esas nuevas situaciones del mundo digital, por ejemplo, el *phubbing*, o ningufoneo, que casi todas las personas (grandes y pequeñas) hemos sufrido (e infligido) en mayor o menor medida. Se trata de ningunear, al quedar absortos frente a la pantalla, a nuestros acompañantes.

Esta manera de absorber nuestro tiempo y toda nuestra atención tiene unas consecuencias claras, avaladas ya por numerosos estudios científicos. Lo que estos se afanan en destacar es que existe una relación directa entre el abuso de las pantallas y la adicción digital con problemas de relaciones (personales y afectivas), de desarrollo cognitivo, de comprensión lectora, de adquisición del lenguaje y un largo etcétera que no para de crecer.

Pero, además de todo esto, ¿cómo afecta el uso de las pantallas a la creatividad? El uso de la tecnología, además del tiempo excesivo frente a las pantallas, conlleva otros elementos que lo convierten en un problema antropológico que va más allá de esa relación directa entre la pantalla y la persona. Por ejemplo, el uso de la memoria, cada vez menos necesaria porque todo lo tenemos a un clic, o el desarrollo de la creatividad a partir de las manos: hacer cosas, construir, montar, manipular, transformar, incluso escribir. Es decir, la creatividad va unida a un producto y a la nueva realidad virtual, y esto, en lugar de potenciarla, limita la creatividad a «crear contenido» imitando lo ya existente, a producir en lugar de crear. Intentemos analizar qué factores influyen o pueden influir en el descenso de la creatividad y el escaso uso de la imaginación creadora.

Como hemos visto, la creatividad es una suma de distintos factores (ambientales, mentales, culturales). Estos factores influyen unos con otros y se relacionan entre sí. Sin embargo, sí hay dos elementos comunes que se dan en todas las actividades creadoras y que son indispensables: la oportunidad y el deseo. Si leemos los poemas de Anaya de las páginas anteriores o la metáfora de Hugo, o repasamos las veces que la chispa creativa prende en nuestros talleres y brilla con fuerza, es porque esos dos elementos se dieron a la vez. Existió el deseo de crear y la oportunidad de hacerlo. Es por eso que conseguimos resolver todos los problemas para que un avión vuele o un satélite salga al espacio, hacer sonar un violín y llorar de emoción al escucharlo. Si conseguimos pintar, danzar, hacer teatro, edificios y puentes... es porque hubo deseo (muchas veces movido por la necesidad) y oportunidad.

La realidad de las pantallas, más allá de lo nocivas o no que sean para otras cosas, es su capacidad infinita de eliminar la oportunidad de crear y el deseo de hacerlo.

El filósofo Byung-Chul Han, en su libro *La crisis de la narración*, cuenta que a la desaparición de los ritos humanos (que crean conciencia y comunidad) hay que sumar el cambio que poco a poco se ha instaurado, donde en lugar de crear historias para narrar el mundo, hemos pasado a repetir, a imitar. Así, El *Phono sapiens* no tiene tiempo de inventar para narrar, para crear, para detenerse en las cosas importantes, para deleitarse... Todo fluye con una rapidez infinita y entre un exceso de estímulos. No hay tiempo de reparar, fabricar, pensar y ver el modo. Los elementos necesarios para que se desarrolle la creatividad están mermados porque no pueden coexistir. No hay oportunidad ni deseo, todo se limita a ese pasar infinito de imágenes y vídeos que se repiten (porque se imitan unos a otros) en busca de la viralidad.

El tiempo de la era digital es el *no tiempo*. No hay aburrimiento ni posibilidad de pensar. Las manos están ocupadas en sujetar las pantallas, los teclados o los mandos de los videojuegos. Ese tiempo es uno en el que no se construye, no se repara, no se crea... Y, sin darnos cuenta, vamos olvidándonos de ofrecer(nos) la oportunidad y el deseo para crear, sin ser conscientes de que la creatividad es la única manera de transformar la realidad. Por tanto, si esta no nos gusta, no podremos cambiarla de otro modo.

Y, sobre todo, esa incapacidad de hacer danzar el deseo y la oportunidad viene también supeditada a la sensación de utilidad productiva: todo tiene que ser útil y se produce con un fin claro. Es decir, lo creativo, a través de la pantalla, casi tiene un único sentido a la larga: entretener (en la acepción más fea de la palabra, recurriendo al amarillismo o a la sensiblería) para crear contenido con la esperanza de poder conseguir una ganancia.

La creatividad requiere esfuerzo, porque, sin duda, saber usar la mente de manera divergente, dar una respuesta original a los problemas, ser capaz de adaptar y sintetizar todo lo que el entorno nos ofrece... todo eso no nace de la nada, sino que necesita que el deseo y la oportunidad sean su campo de cultivo.

DECÁLOGO: DIEZ COSAS QUE DIFICULTAN LA CREATIVIDAD

LA ESCLAVITUD DE LAS PANTALLAS

Hace unos años, no tantos, se fumaba en todos los espacios, incluso en las clases, en la escuela o en la consulta del médico. Ahora eso sería impensable, igual que vivir sin pantallas en la actualidad. Desde que una televisión (en blanco y negro y con un solo canal) comenzó a ser la reina de la casa y pasó a desempeñar funciones de niñera, de distracción y de evasión, hasta el presente, el avance vertiginoso de la tecnología es imparable e innegable.

Hoy en día la tecnología forma parte de lo cotidiano (en las casas, en la escuela, en todos los ámbitos). Y, desde aquellos primeros años, todavía analógicos, la sociedad también ha evolucionado hasta lo que el filósofo Bauman definió como la sociedad líquida: todo pasa, como el agua, sin detenerse, vivimos haciendo *scrolling* y dejamos que la vida discurra enlatada ante nuestros ojos.

Hace unos años se hablaba de abuso, ahora ya se ha definido como una nueva adicción. Una adicción sin sustancias que se suma a la ludopatía. La adicción a los videojuegos da paso, en otro avance de la tecnología, a la del uso de todo tipo de pantallas. Ya es oficial y está avalado por numerosos estudios científicos: **las pantallas crean adicción**. Su funcionamiento es sencillo: se estimula la secreción de hormonas de la recompensa. Existe ya un término (CAI, conductas adictivas en internet), a nivel neurológico y médico, que define la necesidad de estar conectados a ellas, como indica la Asociación Española de Pediatría de Atención Primaria.[5]

En ese orden de cosas es importante saber que tanto asociaciones como colegios oficiales de psiquiatría, médicos, pediatras y de psicólogos alertan a la sociedad de los innumerables problemas que puede suponer esta nueva forma de adicción que empieza en la infancia, a edades tempranas. El Ministerio de Sanidad ha elaborado un documento, «Guía de prevención e intervención en el uso problemático de las nuevas tecnologías de la información y comunicación y otras conductas adictivas en colectivos vulnerabilizados»,[6] en el que aparecen la infancia y la juventud como ejemplos de dichos colectivos. La guía, elaborada, entre otros, por la Asociación para la Prevención de Adicciones en Adolescentes y Jóvenes, está dirigida a sanitarios, pero es, sin duda, un manual más que interesante y útil.

La guía clasifica los **patrones adictivos de conducta** de este modo:

- Juego patológico (tal y como se define en el manual de la Asociación Estadounidense de Psiquiatría «DSM-5»)
- Adicciones vinculadas a tecnología de comunicación
    —Adicción al móvil
    —Adicción a internet
- Adicción a internet generalizada
- Adicción a internet específica: videojuegos, apuestas o juego online, compra compulsiva online, pornoadicción, redes sociales

5 - https://www.aepap.org/sites/default/files/pag_325_332_adiccion_pantallas.pdf.
6 - https://pnsd.sanidad.gob.es/profesionales/publicaciones/catalogo/bibliotecaDigital/publicaciones/pdf/2023/20230620_Medicos_del_Mundo_Guia_Intervencion_Breve_Nuevas_Tecnologias.pdf.

Establece asimismo las **características** que deben cumplir los patrones de conducta para ser considerados adicciones:

- **PROMINENCIA:** el patrón de conducta (en este caso el uso de las pantallas) tendrá un lugar preponderante en la vida. Ocupará demasiado espacio y tiempo, que será robado a todo lo demás (familia, quehaceres, conversación, incluso sueño o comida). También habrá una prominencia inversa (FOMO, por sus siglas en inglés), que causará ansiedad en la persona al no estar conectada.
- **MODIFICACIÓN DEL ESTADO DE ÁNIMO:** la euforia, el bienestar o la frustración si no puede accederse al objeto de la adicción cuando estaba previsto.
- **TOLERANCIA:** proceso mediante el cual se requieren cantidades crecientes de la actividad particular para lograr los efectos deseados. El ejemplo clásico de tolerancia es la necesidad de un adicto a la heroína de aumentar el tamaño de su dosis para obtener el mismo tipo de sensación que alguna vez obtuvieron con otras mucho más pequeñas.
- **SÍNTOMAS DE ABSTINENCIA:** se refieren a los estados emocionales desagradables y/o efectos físicos que ocurren cuando la actividad en particular se interrumpe o se reduce repentinamente. Dichos efectos de abstinencia pueden ser psicológicos (cambios de humor extremos e irritabilidad) o también fisiológicos (náuseas, sudores, dolores de cabeza, insomnio y otras reacciones relacionadas con el estrés). Los efectos de abstinencia están bien documentados en las adicciones a las drogas y cada vez hay más pruebas de que también se pueden presentar en las adicciones conductuales.
- **CONFLICTO:** enfrentamientos entre el adicto y quienes lo rodean (conflicto interpersonal) o dentro del propio individuo (conflicto intrapsíquico) que están relacionados con la actividad adictiva. La elección continua de placer y alivio a corto plazo lleva a ignorar las consecuencias adversas y el daño a largo plazo, lo que a su

vez aumenta la aparente necesidad de la actividad adictiva como estrategia de afrontamiento. El conflicto en la vida del adicto hace que termine comprometiendo sus relaciones personales, su vida laboral o educativa y otras actividades sociales y recreativas. El conflicto intrapsíquico también se puede experimentar cuando sujetos que saben que están muy involucrados en el comportamiento adictivo quieren reducirlo o detenerlo, pero descubren que no pueden, por lo que experimentan una pérdida subjetiva de control.

- **RECAÍDA:** tendencia a que vuelvan a ocurrir reversiones repetidas a patrones anteriores de la actividad en particular, e incluso a que los patrones más extremos, típicos del punto álgido de la adicción, se restablezcan rápidamente después de muchos años de abstinencia o control. El ejemplo clásico de comportamiento de recaída es el de los fumadores, que a menudo dejan de fumar por un periodo para volver a fumar a tiempo completo después de unos cuantos cigarrillos. Sin embargo, tales recaídas son comunes en todas las adicciones, incluidas las conductuales.

La guía explica asimismo cómo funciona una adicción (sin sustancias) y por qué afecta más a los niños y a los jóvenes.

Con las sustancias exógenas, determinadas circunstancias de vulnerabilidad psicológica o social, así como contingencias de reforzamiento de ciertas conductas adictivas, provoca que puedan llegar a igualar, sino superar en muchos casos, la capacidad adictiva de muchas drogas.

La base común del desarrollo de la adicción es la hiperestimulación de las vías nerviosas que desde las áreas segmentales ventrales, donde se localizan los centros de placer del cerebro, influyen en el córtex prefrontal, responsable de las decisiones y la planificación de la conducta. De esta forma, la reiteración de su estimulación incrementará enormemente la valencia positiva de estas conductas adictivas llegando a dominar el repertorio conductual del individuo.

Es necesario remarcar que el proceso de adicción se verá modulado por las características de los sujetos sometidos a la exposición a este tipo de conductas. Entre las circunstancias personales que aumentan la vulnerabilidad de una determinada persona al desarrollo de estos patrones conductuales disfuncionales, se encuentra el nivel de neuromaduración de su cerebro. Muy especialmente en lo que se refiere al córtex prefrontal. La maduración de esta importantísima área cerebral no alcanza su pleno desarrollo hasta bastante después del periodo que solemos considerar la adolescencia.

Así, tenemos que inventar neologismos, siglas y acrónimos para nombrar nuevas angustias, adicciones y ansiedades: *phubbing* (cuando alguien nos ignora por mirar su teléfono), FOMO (la ansiedad que causa no estar conectado o al día, generando una sensación física si, de pronto, sentimos que hemos perdido el teléfono), o el término *Phono sapiens*, que acuñó el periodista Javier Salas en un artículo del año 2016 y que ha pervivido, o la antropología moderna que ya define la era digital. Incluso nuevas dolencias físicas como la whatsappitis, por las consecuencias físicas en las manos de sostener el teléfono entre los dedos o el *sharenting*, esa manera de exponer a la infancia en las redes sociales. Por no hablar del acceso, cada vez más temprano, a contenido inapropiado. Todas ellas son nuevas formas de abuso y violencia que se ejercen, por completo, a través de las pantallas. Y todo esto sin tener en cuenta que el umbral emocional de la infancia no es infinito y que, al traspasar ese umbral, el siguiente paso es la insensibilización.

Con todo, no podemos olvidar que, cuando hablamos de la infancia y la juventud, la responsabilidad recae totalmente sobre nuestros hombros como adultos que somos. La tecnología, como todo, es maravillosa en su justa medida. Equilibrar hasta dónde, cómo y por qué se usa y tener cuidado con los peligros reales que acarrea es cosa nuestra. Y sí, sin duda, es una de las maneras más directas de matar la creatividad, no solo en la infancia.

EXCESO DE JUICIO

En este apartado, me gustaría (soy Mar) contar una experiencia personal para explicar cómo el juicio influye en lo que somos y cómo mi mente supo adaptarse, con creatividad, a la realidad.

Desde siempre confundo palabras y letras, al leer y al escribir las cambio de lugar o me las como, sobre todo si escribo a mano. Al leer tengo que hacerlo varias veces, subrayar o leer en voz alta también me ayuda. No sé sumar (ni calcular), no sé medir, no sé orientarme, ni interpretar un mapa, etcétera. Sé que a muchas personas les sucede lo mismo, es una realidad cotidiana (la orientación, por ejemplo, se tiene o no se tiene) y también sé que hay grados.

Yo no soy capaz de hacer las sumas más sencillas si no me concentro muchísimo y termino agotada. Me pierdo siempre. Puedo viajar porque existen los navegadores, puedo caminar por la calle porque, constantemente, voy tomando referencias visuales para poder regresar, como las miguitas de los cuentos. He llegado doce horas antes a un vuelo y doce horas después, he intentado facturar mi maleta en un vuelo que iba a Venecia cuando quería volver a mi casa, en Valencia... y otras muchas cosas. Siempre ha sido así. Todo lo he sorteado, estoy segura, gracias a la escritura y la creatividad, porque la lista es interminable.

Tuve la suerte de que algunas maestras no me juzgaron o me juzgaron bien. Mi mente inventó técnicas para poder sumar, dividir... Igual que hice con la lectoescritura lo apliqué en todos los ámbitos.

Hubo dos momentos en los que el juicio de valor se puso, en mi caso, de mi parte, se me respetó y mi forma de *funcionar* no fue un problema. Mi mente aprendió a resolver de manera creativa, y eso me ha permitido, sin duda, ser quien soy.

El primer problema que recuerdo fue cuando aprendía a leer y a escribir, tendría cinco o seis años y acababa de cambiarme de escuela. Querían separarme del grupo porque no iba al mismo ritmo en el aprendizaje de lectoescritura que los demás. De hecho, iba a ser la única que seguiría con la cartilla de los pequeños. Lo recuerdo como una determinación consciente: decidí que nadie lo notaría nunca más. Así comencé a leer todo lo que veía, y eso me hizo avanzar, aprendí más que mis compañeros, los adelanté. Y me interesé, vivamente, por la lectura y la escritura. En realidad, lo que ocurrió fue que me enfadé muchísimo porque no quería «quedarme atrás», y conseguí que mi madre hablara con mi maestra. Me comprometí y, seguramente, esta me dejó pasar algunos errores porque vio que era importante para mí. Así, mi mente aprendió a leer y a escribir analizando el contexto, las imágenes que acompañaban a las letras... En fin, comencé a añadir un análisis imaginativo o intuitivo de todo lo que sucedía en la escuela. Eso me ayudó y lo usé en el cálculo, utilizaba trucos para poder sumar, restar, dividir. Memorizaba las sumas o inventaba maneras visuales de hacerlas.

Después, ya en los últimos cursos de EGB, cuando leíamos en voz alta en clase de Lengua, al terminar, la maestra me decía: «Esta vez solo te has inventado cuatro palabras», «Han sido diez, las cambias, pero el texto no pierde el sentido». Ella se sorprendía de esa *capacidad* para buscar coherencia por medio del contexto, rellenar los huecos. Y creo que ahí, en el día a día escolar, la parte creativa de mi cerebro era una función importante.

También en aquel tiempo, una maestra me dijo que podría dedicarme a escribir, me pidió que me presentara a un concurso de escritura local y gané. Ahora organizamos ese concurso local, en esa misma ciudad, para que los niños y las niñas sepan que escribir, inventar y crear está también en sus manos. Tal vez si ella no me hubiera animado, no habría pensado en esa posibilidad. Nunca sabré si fue determinante, si mi camino hubiera sido otro, si habría llegado a dedicarme a la escritura y a la creatividad. Lo que sí sé es que, visto en perspectiva, ese comentario que me ayudó a ganar un premio local cuando tenía once o doce años tuvo suficiente fuerza para que hoy lo nombre. Fue una manera, real y efectiva, de fomentar mi creatividad y acompañar mi camino.

De alguna forma aquellas dos maestras alentaron mi imaginación y mi creatividad. Podría haber sido distinto si el juicio adulto hubiera sido otro. ¿Qué habría sucedido si hubieran atrasado mi inicio de lectura autónoma (separándome del grupo) o me hubieran suspendido por *inventar* palabras al leer… o tantas otras cosas?

La realidad es que continuamente estamos sometidos al ojo crítico del entorno social, y en la infancia no solo se da en la escuela, también en las casas. **Las pantallas imponen modelos, muchas veces irrealizables, que van calando en la infancia como ejemplos de lo que deben ser, un constante juicio de valor.** Venden, por ejemplo, que la popularidad es sinónimo de felicidad o escenifican una falsa realidad que se muestra perfecta y que ayuda a construir, en las mentes poco maduras, un ideal imposible.

Así, por un lado, premiamos lo innovador, el emprendimiento, las mentes brillantes y creativas, pero, por otro, no se puede dibujar fuera de la línea ni salirse de los cánones preestablecidos. **Cualquier niño o niña que tenga las características de un alma creadora es clasificado de disruptivo. Molesta y se lo juzga como tal.**

El juicio es, sin duda, el mayor inhibidor de la creatividad. Recuerdo vivamente a un niño de apenas seis años, en un taller, donde buscábamos rimas sencillas para crear un poema colectivo, que me miró y me dijo: «No, yo no puedo hacerlo, porque yo no sé hacer nada». Qué habría escuchado, a sus tiernos seis años, para que hubiera interiorizado semejante juicio sobre sí mismo.

LA PRODUCTIVIDAD

Es una suerte trabajar con personas de todas las edades, desde bebés hasta adultos. Aunque sobre todo trabajamos en escuelas, también cuentan conmigo en otros espacios, en horarios no lectivos. Cuando la convocatoria es para bebés, de cero a tres años, diría que, incluso, hasta los cinco o seis años, las sesiones suelen tener una larga lista de espera; a veces se pueden programar dos seguidas y ambas se completan, invariablemente.

El problema viene cuando se trata de una convocatoria fuera del horario lectivo, que invita a los más mayores, a partir de los nueve o diez años. Insisto mucho en estas edades porque, como veremos más adelante, es donde más falta hace compartir lo que *no sirve para nada*, el derecho a la belleza y a la poesía. La verdad es que estas convocatorias pocas veces tienen éxito: pocos espacios consiguen convocar a partir de esas edades, los años que coinciden con el afianzamiento de la lectoescritura.

Por desgracia, esto no sucede solamente con los recitales, los talleres, la literatura o el teatro. Por mucho que estén en especial pensados para esas franjas etarias, que se hayan medido y probado un millón de veces con público cautivo en centros escolares, en un espectáculo recomendado a partir de los ocho o nueve años, en horario no lectivo, los niños y niñas difícilmente superan los seis años.

Cada vez es más complicado convocar a la infancia para hacer cosas que *no sirvan*, que no impliquen un ritmo pautado con un resultado visible y productivo, bien visto socialmente y digno de ser reseñable. Qué difícil que alguien comente: «Ah, fíjate, mi hijo todas las tardes escribe un poema» o «Me encanta ver a mi hija haciendo dibujos en la tierra con palitos y piedras» o «Mi hijo ha inventado una canción y un baile para mi cumpleaños», porque lo creativo, en general, necesita otro ritmo, otra manera de estar y otra forma de ser valorado, sin que se someta a un juicio de valor, sin evaluar los resultados, sin necesidad de ser validado. Lo creativo tiene otros procesos.

El pensamiento creativo en la infancia crece, sobre todo, a partir del disfrute. Deberíamos reflexionar en profundidad sobre qué estamos haciendo, qué sucede con la necesidad de hacer, hacer y hacer... algo útil, si es posible. Sería saludable analizar por qué negamos a la infancia el derecho y el deseo de hacer cosas por el mero placer de hacerlas, de alimentarse con experiencias que no estén al servicio de producir, que no sean evaluables ni se hagan esperando un resultado, una nota o en aras de la competitividad.

Qué maravilla sería cambiar las preguntas del final del día y en lugar de «¿Has hecho los deberes?, ¿qué has hecho en...?, ¿cómo te ha salido el examen?, ¿has hecho la ficha de...?, ¿has practicado para...?», todas enfocadas a lo productivo, las preguntas fueran «¿Has disfrutado?, ¿has pensado?, ¿has reído con todo el cuerpo?, ¿te has puesto en el lugar del otro?, ¿te has asombrado hoy con la belleza del mundo?, ¿y su fealdad, la conoces?, ¿has cantado y escuchado la música de las palabras?, ¿has bailado y rodado hasta caer al suelo?, ¿has sostenido un nido?, ¿has abierto mucho los ojos para ver un libro?, ¿te has sumergido en el juego hasta olvidarte de todo?, ¿has conocido una historia maravillosa, un personaje fabuloso, un poema que te haya emocionado?». Todo eso es lo que les enseñará a vivir: hacer cosas bellas o que simplemente les hagan reír, que les permitan mirar el mundo desde otra perspectiva. Alimentar lo hermoso y lo delicado, situarlos en ese lugar que mira desde el asombro. Y no, eso no es *productivo*.

Tal vez por eso resulta tan complicado convocar al público ideal para los recitales o que el buen teatro llegue a aquellos a los que va dirigido. Durante seis cursos yo, Mar, coordiné las visitas escolares de una biblioteca provincial. Era una biblioteca grande y cada curso pasaban por ella más de cuatro mil niños y niñas desde los tres hasta los doce años. Insistía mucho en la posibilidad de usar la biblioteca, planteaba la visita para que les resultase apetecible, para que conocieran no solamente el espacio y los servicios, sino también editoriales, autores, poemas... Como mediadora me tomaba muy en serio esta labor. A los mayores les hablaba de cómo la creatividad que alimentaba los libros era luego la que alimentaba también las grandes películas que todos conocían, *El hobbit* o *El Señor de los Anillos*, que en aquel momento se habían estrenado en los cines. Les hablaba de Julio Verne y cuántas películas hemos visto gracias a sus libros, de Martin Scorsese y la maravillosa adaptación a la gran pantalla de *La invención de Hugo Cabret*, a partir del libro de Brian Selznick, les recitaba poemas de Gloria Fuertes o greguerías de don Ramón Gómez de la Serna... Todo estaba pensado para que el recorrido fuese ameno y estimulase su innata curiosidad. Por supuesto, les insistía mucho en las posibilidades de acceder a todo aquel universo de libros maravillosos simplemente con un carnet, que el préstamo bibliotecario era la llave para entrar en ese universo... Y, algunas veces, más de las deseables, al explicarles y reiterar las bondades de inscribirse, respondían con un argumento que me entristecía: «Pero si me hago el carnet y me llevo los libros, al devolverlos, ¿tengo que hacer una ficha?» o «Pero luego hay que hacer un resumen».

Y así, con esa idea preconcebida, en la que todo lo que hacemos tiene que tener un resultado o ser demostrable, se ve con claridad cómo nos influye el exceso de productividad y esa necesidad de obtener resultados evaluables. En algo tan maravillosamente creativo como es la lectura, que alimenta el alma y el juego creador como ninguna otra actividad, esto termina desmotivando la posibilidad de nutrir la creatividad.

LA FALTA DE BELLEZA Y EDUCACIÓN ESTÉTICA

Dijo el filósofo Burke que lo bello solo acontece entre la curiosidad y el asombro, dos elementos en los que la infancia se siente como pez en el agua y, que, además, y como vimos en el inicio de este libro, son indispensables para que la creatividad dé sus frutos. Frutos extraños, muchas veces, no normativos. De niña (soy Mar) recuerdo que me gustaba dibujar; hacía, como todos los niños y las niñas, dibujos extraños, representaciones del mundo visto a través de mis ojos y realizados con las manos torpes de una chiquilla. Una vez pidieron en clase de plástica (que impartía la profesora de Lengua) que dibujásemos un paisaje. Desde el balcón de mi casa se distinguía un precioso paisaje, al terminar el pueblo se veían el río, los campos, el valle... Y, al fondo, muy lejos, se reconocían las majestuosas montañas de la sierra. Azules, siempre. Las montañas siempre eran, y son, azules. Y así las pinté. Estaba encantada con mi dibujo, era verde y en medio tenía un río, el que veía desde el balcón. El verde eran campos de naranjos y, allá a lo lejos, las montañas azules. Un azul profundo, casi marino. En realidad, así las recuerdo y así siguen siendo, la mayoría de las veces que miro las montañas lejanas las veo azules.

Suficiente. Esa fue la nota que recibí y la que me hizo reclamar. «Es que las montañas no son azules, de dónde has sacado esa idea». No pude convencerla de que las montañas son azules. Y, en algún momento, entre los tres y los veintitrés años, dejé de dibujar, pese a que me gustaba y todavía me gusta. Tal vez me dejé influir por esos juicios, lo que está bien y lo que está mal, y preferí centrarme en aquello que, me decían, se me daba mejor, lo que, según el juicio (como vimos en el apartado correspondiente) fue alentado y sostenido: escribir. Tal vez hubiera necesitado en ese momento que alguien me llevase a ver los caballos azules de Kandinsky o que me hablase de ellos; que me educase también el ojo para disfrutar de los cuadros y su sensibilidad estética, de manera que pudiera apreciar la belleza que pueden encerrar unos caballos o montañas azules, una piel verde o amarilla, o un cielo violeta y azul lleno de espirales y estrellas.

Arno Stern, pintor y profesor, trabajó en Francia con niños y niñas huérfanos después del fin de la ocupación nazi tras la Segunda Guerra Mundial. Su camino comenzó cuando un psiquiatra le pidió que hiciera dibujar a los niños y niñas tres dibujos concretos para interpretarlos posteriormente y evaluar con ellos su estado emocional. Sin embargo, Stern los dejó dibujar con libertad, sin juicio de valor, y vio que eso también era una forma de ayudarlos. A partir de ahí, y durante toda su vida, siguió trabajando en esa línea y acuñó el término de educación creadora.

Stern se dio cuenta enseguida de la importancia de eliminar esos juicios de valor para fomentar una educación estética y creadora. El término educación creadora todavía se usa en la actualidad en algunas escuelas de pintura que siguen su estela. Él diferenciaba entre arte y formulación. Para él, permitir el juego de la formulación puede ser un camino para que las personas (de cualquier edad) lleguen a crear arte, si bien, este no es el objetivo que se persigue, en absoluto. La educación artística, la formulación, tiene como objetivo, ni más ni menos, desarrollar el placer por el acto creador. Sin dibujar modelos, bodegones... siempre libre. Entre la formulación y el arte hay un abismo, dice Stern, ya que el arte tiene un objetivo, una intención, y la formulación es expresión. Respetando la educación creadora innata en cada ser humano, con mucha insistencia y práctica, se abre la potencia creadora de cada persona. Y, desde ahí, esa educación creadora, que también es estética, puede llegar a convertirse en arte.

Insistencia y práctica, sin juicio. No hay que preguntar por la lectura o hacer un resumen, no hay que juzgar lo que hacen de manera espontánea porque, desde luego, existe una belleza que no entra en los cánones, en las modas. Como dice Burke, lo bello solamente sucede entre el asombro y la curiosidad. Visitar museos, ver teatro, cuestionarnos, emocionarnos leyendo un poema..., eso forma parte de la educación en la belleza, una que hay que entender no solo en los términos estéticos comerciales, sino en esa belleza que estremece el alma, que nos sobrecoge. **Y sí, es nuestra obligación, como sociedad, como docentes, como familiares, educar también para la belleza.** Educar en ella es dar las balizas para atravesar todos los caminos. Los libros, la música, el teatro... nos ayudan a conocernos y nos animan a crear. La infancia necesita alguien que ponga frente a ella lo bello, la posibilidad, alguien que mire a una distancia prudente y ofrezca, facilite y medie sin juzgar.

Debemos ser conscientes de que el verso, el poema, la imagen, la obra, la historia... siempre deben sostener la belleza, cuidarla y la ofrecerla a la infancia. Abrir la mano de la infancia y poner sobre ella el jilguero y la flor, no fijar límites a ese transitar, no menospreciar la capacidad de sentir, de pensar, de disfrutar de la belleza de nuestros niños y niñas.

Es importante ofrecer muchas posibilidades para que no gane siempre el modelo imperante, lo que marca la moda o el mercado porque la falta de belleza y el exceso de estereotipos van adormeciendo, sin duda, la posibilidad de crear o el placer por hacerlo.

Y, por supuesto, no menospreciemos a la infancia. Si eliminamos lo complicado porque es muy difícil, lo que habla de ciertos temas porque es muy duro, la poesía porque «no la entienden», lo que tiene una estética y unos dibujos determinados porque «eso no les gusta»; es decir, si no hay una mediación real, el camino se acorta, se hace simple y aburrido.

Así es fácil caer en la uniformidad. Nos estandariza porque, como dice Edmund Burke: «Las diferentes sensaciones de contento o disgusto descansan, no tanto sobre la condición de las cosas externas que las suscitan, como sobre la sensibilidad peculiar a cada hombre para ser grata e ingratamente impresionado por ellas». Y la sensibilidad se educa en la belleza, en la estética pictórica, en la música, en el teatro. Así que la sensibilidad hacia la poesía se educa, se aprende, se vive.

Hay que educar para aprender a emocionarnos, sin explicaciones ni juicios, compartir las cosas bellas, aunque nos muestren montañas azules o garabatos, porque la falta de educación estética mata la creatividad. Además, como recuerda Burke, la belleza tiene que ver con el respeto: respetar lo que vemos e intentar empaparnos. Se trata de dejarse llevar y poder verse, como en un espejo, en esa claridad titilante que nos ofrece lo que vemos.

LA FALTA DE PENSAMIENTO AUTÓNOMO

FALTA DE EXPERIMENTACIÓN

«Aprender es reinventar», decía Piaget. Ya hemos hablado en apartados anteriores de la necesidad de la experimentación con las ideas y de la búsqueda de diversidad y de caminos paralelos a los habituales para desarrollar una actitud creativa ante los problemas.

No cuesta mucho comprobar cómo las tendencias sociales suelen penalizar la experimentación juzgándola y criticándola. Por ejemplo, cuando un artista musical fusiona estilos, mezcla estéticas y prueba cosas nuevas, de inmediato aparece un ejército de puristas para reaccionar ante *semejante osadía*. ¿Recordáis las primeras reacciones ante la evolución del flamenco hacia nuevos caminos? ¿Qué sería de Joaquín Cortés, Ojos de Brujo o Rosalía si no hubieran sido perseverantes en su propuesta? Es muy común que, ante el desafío de lo nuevo y lo experimental, encontremos cierta resistencia social o familiar.

Esta corriente criticona está tomando tintes desproporcionados en las redes sociales, en las que, a través del anonimato y la distancia de la pantalla, se vierten comentarios muy ofensivos que pueden afectar gravemente a la salud mental de las personas que los reciben. Hay que estar muy bien preparado a nivel psicológico para que te importe poco que un desconocido critique tu obra, tu peinado o tu complexión física. Esto, obviamente, puede influir en la propia búsqueda de caminos nuevos y sentir que hemos de reproducir cosas lo más parecidas a cómo las harían los demás. En otro capítulo hablaremos de la repetición que se genera en las redes.

La experimentación con el lenguaje, como nos propusieron tanto las vanguardias como el grupo Oulipo (y que veremos en el apartado final), nos permite producir auténticas obras maestras muy creativas que difícilmente hubieran sido concebidas siguiendo los trillados caminos de la razón y la aplicación de lo establecido. Esa falta de experimentación, ese miedo al riesgo, al *salto al vacío*, es una barrera enorme para la creatividad y, en muchas ocasiones, bloquea y paraliza el acto creador.

FALTA DE EXPRESIÓN

Por otro lado, no dejamos de escuchar que vivimos en la era de las comunicaciones precisamente porque estamos hiperconectados por infinidad de canales. Pero lo cierto es que la expresión (tanto oral como escrita) ha sufrido un increíble empobrecimiento. La conversación ha dado paso a mensajes textuales o de audio que no conservan la fluidez del intercambio oral tradicional, con el consiguiente deterioro de la sintaxis y la falta de coherencia. El errado uso de estos canales va erosionando la capacidad de comunicación y expresión de algunos jóvenes, que incluso llegan a considerar muy violento el acto de una simple llamada telefónica. Todo esto, unido a la *moda* generalizada de escribir fonéticamente («ola, k ase?») o la pérdida del prestigio de la ortografía, implica que ya no sepamos discriminar cuándo un mensaje es irónico o una verdadera errata.

De forma paralela a esto, la tendencia a que la escritura en internet (blogs o páginas web) esté marcada por el marketing digital y la optimización de su posicionamiento en la red (SEO), hace que los textos se escriban desde las palabras clave que la gente utiliza al buscar información. Esto impide que en esos textos aparezcan más a menudo palabras complejas, inusuales o tecnicismos. El propio lenguaje utilizado en el entorno web se simplifica para cumplir con los patrones del mercado digital y estar bien posicionados en los motores de búsqueda. Los artículos se redactan pensando en las visitas, no en una mejora del propio lenguaje o incidiendo en la actitud sorpresiva que pretendía la literatura. El desastre se acentúa cuando internet se convierte en la única fuente de información y de aprendizaje de los individuos. **El lenguaje de la red está pensado**

para la venta, pero nosotros la usamos para formarnos. Así que estamos aprendiendo con el lenguaje del mercado.

Todo este deterioro del uso del lenguaje conlleva una pérdida de este y, por lo tanto, del pensamiento. Como ya hemos comentado en otros apartados, y nos confirmaba Vygotsky, el pensamiento es lenguaje. Si no somos capaces de construir o comprender frases mínimamente complejas, no podremos producir pensamientos complejos.

A su vez, esta pauperización de la lengua ha provocado que los medios de comunicación también simplifiquen su discurso para hacerlo más accesible al usuario. Esto conlleva que, en los últimos años, estemos viendo unos titulares un tanto sensacionalistas y unos artículos bastante superficiales, la mayoría de ellos diseñados con el único objetivo de que cliquemos en ellos (*clickbait*) y que acumulen visitas, aunque luego el contenido no sea tan interesante como prometía.

Además, en los últimos años hemos comprobado un aumento de noticias que no contrastan sus fuentes y que se publican siguiendo la corriente de desprestigio o de difamación de tal o cual personaje (*fake news*), lo que provoca una confusión con respecto a la comunicación, así como una pérdida de juicio crítico del ciudadano. Leemos noticias que no tienen una mínima base fundamentada, que se basan en puros rumores o que quieren amplificar, a través de los propios medios, el comentario jocoso o malintencionado de cualquier tertuliano.

Obviamente, todo esto afecta e impide nuestra creatividad. No tener un pensamiento autónomo o una opinión personal bien fundada nos imposibilita para concebir nuevas ideas y para arriesgarnos a pensar por nosotros mismos en busca de alternativas. Se genera en el individuo una dependencia de las opiniones de otros y una falta de recursos resolutivos. Estamos asistiendo a una pérdida de los matices y a una excesiva polarización de las ideas y de los discursos, y así simplificamos hasta la extenuación las reflexiones y los análisis sociológicos, económicos o políticos.

EXCESO DE ESTEREOTIPOS

Un estereotipo es una imagen prefijada de algo, basada en prejuicios o percepciones simplificadas. El uso de estereotipos ahonda en una reducción excesiva que impide profundizar en la lectura de la realidad y su posterior análisis.

A este propósito, Viktor Lowenfeld nos dice, respecto de la creación gráfica infantil, que las imágenes repetidas estereotipadas aparecen generalmente en los dibujos de niños que han desarrollado modelos rígidos de pensamiento. Ante una nueva situación que pueda producir cierta inestabilidad, el niño se sentirá más seguro repitiendo el mismo esquema estereotipado. Es decir, ante la inseguridad de una nueva tarea, intentará repetir lo mismo, aplicando el estereotipo que se haya formado en su intelecto. Los niños que padecen desajustes afectivos con frecuencia se evaden hacia una representación gráfica rígida. Es decir, repetirán un modelo para aferrarse a algo conocido.

No es recomendable, por tanto, que estimulemos esta forma de expresión pidiendo a los niños que copien de forma indefinida modelos o formas sin sentido. Todo ello va en contra del desarrollo de su creatividad. Es muy frecuente ver a padres o educadores sin una gran formación en expresión artística ofrecer a los niños siluetas para colorear o imágenes estereotipadas de piratas o duendes descargados de cualquier página de internet. Pero si queremos potenciar la creatividad, conviene facilitar muchos modelos distintos y lo más diversos posible. Si queremos dibujar o representar una hoja, más allá de acudir al modelo natural, podemos buscar en los libros de nuestra biblioteca para ver distintas representaciones de hojas o de piratas o de lo que queramos dibujar.

Me sigue sorprendiendo ver (soy Jesús) que en algunas escuelas han preparado, para celebrar la llegada del otoño, un mural compuesto por la reproducción de la misma silueta de hojas estereotipadas. Una fotocopia de la misma figura coloreada por cada niño (sí, puede que se haya coloreado de distintas formas, pero sigue siendo la misma) para representar el otoño. Me pregunto si resulta tan complicado acercarse al parque más cercano o a una zona arbolada próxima (con los alumnos o sin ellos) y recoger un cesto de hojas distintas por tamaño, silueta o color. Eso sí sería hacer un análisis real de cómo de diferentes son las hojas en función del árbol del que provienen y cómo varían su color según avanza el otoño.

La actividad de colorear la misma fotocopia no ofrece ningún desafío creativo. De hecho, resulta bastante pernicioso para el desarrollo de la creatividad. Una repetición estereotipada no presenta ninguna variación y eso, aparte de que no responde a la realidad, no ayuda a fijarse bien en los elementos de ese objeto o a hacer un análisis global y sintético del elemento a reproducir.

Para colmo, en algunas escuelas, optan por plastificar el resultado final. Plastificar las producciones de los niños provoca una uniformidad terrible, aparte de *tapar* la verdadera piel de la obra y privar a los *espectadores* de la posibilidad de reconocer y disfrutar de las texturas y las sensaciones que genera el material utilizado. Usar materiales diferentes como acuarela, ceras grasas o lapiceros de colores produce un acabado muy distinto y, si lo plastificamos, les daremos a todas las producciones una textura idéntica. Por otro lado, evita tomar conciencia de la propia perdurabilidad de los materiales y de que las cosas se arrugan, ensucian o rompen si no las conservamos. Por no hablar del impacto medioambiental negativo que supone utilizar tanto plástico en la escuela.

Obviamente, necesitaremos modelos para sostenernos mientras vayamos conociendo las técnicas y estrategias del dibujo, pero no son justo esas imágenes estereotipadas las más beneficiosas, sino buscar en muchos libros distintos y poblar (como ya dijimos) el entorno del niño de imágenes o estímulos lo más diversos posible para poder ver distintas maneras de enfrentarse a esa tarea creativa.

Este es otro de los motivos por los que hay que cuidar mucho qué tipo de contenido audiovisual proporcionamos a nuestros pequeños. Si echamos un vistazo a la programación infantil actual, la gran mayoría tiene una estética semejante (fácilmente reconocible y estereotipada). Todas se parecen y no ofrecen mucha diversidad ni de imagen ni, en muchas ocasiones, de temática o de planteamiento audiovisual.

El lenguaje televisivo, además de mantener un ritmo trepidante, difícil de asimilar por la cantidad de cambios de plano que emiten, suele presentar unas imágenes muy similares entre sí que poco aportan a la educación estética del niño y, por lo tanto, a su desarrollo creativo.

Hay que ser muy cuidadoso con la elección de los contenidos audiovisuales para la infancia por todos estos elementos que entran en juego: imagen estereotipada, estética uniformada o ritmo audiovisual excesivamente acelerado. Parece algo sin importancia, pero hemos de reflexionar si queremos alimentar el universo imaginario y visual de nuestros muchachos con estos productos, o si preferimos brindarles otras propuestas más elaboradas. Sabemos que no es fácil, que no hay mucha alternativa para elegir y que la oferta suele estar más enfocada a la venta de sus productos de *merchandising* que a elaborar pensamiento o desarrollar nuestras capacidades creativas. En los siguientes capítulos, ahondaremos en este concepto de la mano de Lolo Rico, la guionista y productora del programa *La bola de cristal*.

LA REPETICIÓN CONTRA EL JUEGO CREATIVO

El niño, en su proceso de madurez, se adapta al mundo de forma progresiva por medio de dos mecanismos de aprendizaje: la asimilación y la acomodación. Va procesando la nueva información que percibe de su entorno y adapta su yo interno a las condiciones del mundo externo. Y esa adaptación viene conducida por la imitación. El niño es imitador por naturaleza. Podemos ver cómo reproduce espontáneamente los sonidos que le llaman la atención y que luego se convertirán en voz y palabra. Le gusta imitar escenas que ha podido ver del mundo adulto para integrarlas y comprenderlas un poco mejor. Esta necesidad de imitar viene acompañada por una necesidad de identificación con el mundo adulto. Es como una especie de preparación para lo venidero. El niño quiere tener modelos que imitar y, al identificarse con ellos, tiene la sensación de crecer y superarse, de *hacerse mayor*.

En este sentido, la imitación serviría como un primer paso en el proceso educativo, pero no debemos quedarnos ahí. Y, sobre todo, evitar que esa imitación sea tan fiel que desaparezca la personalidad del propio individuo, repitiendo tan pulcramente que no pudiéramos distinguir a uno del otro. Es importante intentar evitar una mecanización que lleve implícita una pasividad ante el modelo. La imitación debería acompañarse de una interpretación personal, una captación más o menos intencional y consciente de los elementos exteriores y una reestructuración de estos mediante la aplicación de nuevas relaciones entre los elementos. Esta interpretación estará cada vez más lejos de la imitación mecánica y más cerca de la invención creativa.

IMITACIÓN Y REDES SOCIALES

Las redes sociales se han convertido en una especie de gran tribu de seres con falsas personalidades, en la que todos muestran la versión más *chic* o políticamente correcta posible. Se establece un código de comportamiento que replicamos sin cuestionarlo. Si quieres estar aquí, has de ser así, de este modo; para que te siga más gente (más *followers*) tienes que hacer esto o lo otro, escuchar esta música o esta otra. Nos proyectan la necesidad de mantenernos guapos, de ser *cool* o de reproducir los mismos bailecitos que nos marca el algoritmo de la red... Repetir, repetir y repetir ese baile que se ha puesto de moda (*trend*) o superar ese reto (*challenge*) que no se sabe quién propuso por primera vez y que todo el mundo repite sin pararse a pensar mucho en sus consecuencias. ¿Cuántos accidentes se produjeron durante el tiempo en el que se puso de moda volcarse un cubo de agua helada por la cabeza? ¿O cuántos adolescentes se han autolesionado por el simple hecho de demostrar que son capaces de hacerlo?

Y así los mismos comportamientos se van repitiendo una y otra vez, como una especie de rito de pertenencia a la tribu, solo por y para estar ahí. Y como una especie de pescadilla que se muerde la cola, la red devuelve al usuario los mismos contenidos una y otra vez. Todo es igual pero distinto: los mismos bailes, las mismas canciones, incluso las mismas bromas (los creadores de contenido se copian unos a otros) soportan las horas y horas de material que consumimos.

Esta repetición, obviamente, no contribuye a que cultivemos esas capacidades que nombrábamos como importantes para el desarrollo creativo. Tampoco aumenta nuestra curiosidad ni nos invita a buscar soluciones alternativas ni mejora nuestra mirada creativa sobre el mundo. Y, por supuesto, tampoco alienta a tomarnos una pausa para mirar a nuestro alrededor de manera más sosegada y analista.

Nos recuerda Byung-Chul Han en *La crisis de la narración* que, en estos momentos, el ser humano está sufriendo una «atrofia temporal», precisamente acentuada por la exaltación del instante. Todo es ahora, todo es ya. Y estamos viviendo una gran crisis en la propia narración, una confusa pérdida de toma de conciencia de lo que somos y lo que hacemos. Han afirma:

> El hombre no va existiendo momento tras momento. No es un ser de instantes. [...] La digitalización agrava la atrofia del tiempo. La realidad se desintegra en informaciones, cuyo margen de actualidad es muy reducido. Las informaciones dependen del acicate de la sorpresa. De este modo, fragmentan el tiempo. También se fragmenta la atención.

En este sentido, la narración se desdibuja porque no contempla una completitud de lo que se narra. No existe una estructura que le aporte continuidad, con un ritmo de intensidad que varíe, con zonas de clímax y otras de meseta que permitan ir equilibrando y asimilando lo que percibimos. La narración fragmentada y constantemente excitante de las redes nos mantiene en el clímax todo el rato, lo que provoca una necesidad de estímulos permanente. Si esto ya funciona con nosotros, los adultos, y nos mantiene enganchados al móvil, imaginad lo que puede hacer con la infancia o los jóvenes.

Si no podemos percibir la realidad en su conjunto y solo recibimos momentos de alta excitación (clímax), sin pausa para el análisis, obviamente no podremos valorar distintas alternativas. Si todo es tan parecido (por no decir igual), ¿cómo vamos a explorar alternativas o encontrar disparaderos creativos?

LA FALTA DE SÍMBOLOS

Otro de los aspectos que empobrecen la capacidad creadora es, justamente, la falta de símbolos, juego libre, juego simbólico con elementos naturales o, simplemente, jugar entre iguales. Y, por descontado, el tiempo para construir esta representación.

Esta carencia, que es cada vez más evidente, está relacionada con el abuso de las pantallas, pero también con el cambio real de juguetes que no dejan espacio a la imaginación y, por supuesto, con la instrumentalización pedagógica del arte, en general, y de todo lo infantil en particular. Así encontramos libros literales, sin palabras difíciles o historias complejas, que ayudan claramente a conseguir un fin, por ejemplo, dejar el pañal, aprender a portarse bien, domesticar las emociones, o libros que surgen de las series que la infancia consume en la pantalla, que suelen ser planas, incluso de personas que crean contenido y se convierten en personajes anodinos de historias igual de anodinas (hablamos de libros de youtubers o tiktokers o de series de dibujos animados). Esta instrumentalización tiene dos vertientes, la didáctica y la comercial.

Cada vez hay menos espacios que fomenten el juego libre o que incorporen herramientas sencillas para alimentar el juego simbólico. Además, los juguetes son tan sofisticados que no dejan lugar a la imaginación. Todo esto supone una carencia, una falta de tiempo para formular el mundo desde su representación simbólica. Y, sin duda, constituye la ausencia de una representación y construcción de los símbolos, sobre todo los lúdicos, importantísimos en la infancia (y en la edad adulta) para entender el mundo. Recordemos, como decíamos con anterioridad, que la representación simbólica (a través del pensamiento metafórico) es la base del pensamiento complejo y, posteriormente, del lógico. Pero también nos ayuda, a través de los mapas neuronales que se construyen, a entender las emociones propias, a situarnos en el lugar del otro (empatizar) y poner a funcionar todos los elementos que conforman la creatividad.

Usamos metáforas y símiles todo el tiempo: «Tengo la cabeza como una noria», «Tiene la cabeza llena de pájaros», «Las horas de trabajo dieron sus frutos», «Tiene risa de castañuelas», tantas y tantas veces que no nos damos cuenta. Recordemos la definición formal de la metáfora, el símbolo: un significado que se cambia por otro, o un concepto o realidad que se cambia por otro concepto o realidad, y entre ellos (significado, concepto o realidad) siempre existe una relación de semejanza, más sutil o más evidente.

En su libro *La formación del símbolo en el niño: imitación, juego y sueño*, Piaget denomina símbolos lúdicos al modo que tiene la infancia de representar simbólicamente el mundo para comprenderlo. La capacidad de la mente para hacer los primeros intentos y procesos para entender la realidad, por ejemplo, cuando el niño o la niña tienen conversaciones con sus juguetes, dotando de alma a los objetos inanimados. O cuando llegan a conclusiones porque han asociado ideas a través del pensamiento mágico: encender el sol con un interruptor. Transforman la realidad a través de su representación simbólica, y esta es, sin duda, la entrada al juego simbólico.

Así se va estableciendo la representación simbólica y la asimilación de los símbolos y las metáforas, el juego ficcional... Su función es elaborar significantes, es decir, intentar explicar qué quieren decir las cosas, y eso nos permite analizar y entender, a grandes rasgos, nuestro yo en relación con el mundo. Y con la acomodación de estos significantes en el proceso de pensamiento (todavía incipiente y sin recursos: ni memoria, ni recuerdos, ni experiencias) se inicia sobre todo el pensamiento complejo o concatenado.

Es decir, **cuando la infancia juega, está haciendo algo mucho más importante que jugar: empieza a comprenderse, a explicarse el mundo, a pensar y, a través de la imaginación, está creando su realidad. No hay, como dijimos al principio, una fase más creativa en la vida de una persona que la infancia.**

Esta elaboración que se da en el juego simbólico tiene que ver con la relación que establece la persona con el mundo, una que es propia y que se inicia con estos juegos. Es el momento en que la infancia está elaborando su subjetividad, su identidad y su pensamiento.

Analicemos someramente algunos ejemplos donde este proceso queda retratado con fidelidad.

A continuación, veamos un poema de Yago Benegas, hijo de Mar, cuando tenía ocho años recién cumplidos en el que experimenta con los sinónimos y la polisemia:

LA NADA

La nada no es nada
es algo que no existe
porque no es nada

es algo que no nada
porque no es un pez.

O este otro, también de Yago, que compuso el mismo día y que sigue la misma línea del anterior. En este caso, además de explorar los significantes y las metáforas, el poema le sirve como válvula de escape. El elemento simbólico más interesante es que, a través de la metáfora, comienza a representar emociones complejas desde el sarcasmo, proceso que se da a partir de los ocho o nueve años. Su madre, que soy yo, se llama Mar, y él escribió el siguiente poema:

LAS MAREAS

Las mareas
afectan a mi madre
y a mí me perjudican.

Volvamos de nuevo a Anaya y a su poema de la pera. Esa poesía creada a viva voz, claro, pues ella no sabía escribir cuando su madre la anotó en una libreta y después me la envió:

Una vez me comí una pera
tardé años y años en comérmela
cuando me la terminé
la pera ya estaba mucho más grande.

Anaya tenía cuatro años cuando lo escribió. Este poema, por tanto, encarna la definición exacta del pensamiento simbólico, es un poema-símbolo lúdico, que diría Piaget. No pensaremos en la parte creativa, sino en que Anaya estaba en la fase de formulación, y nos permitimos apropiarnos el término de Arno Stern para llevarlo más allá de la pintura. Podemos ver el proceso con claridad, el camino que ha seguido el pensamiento para dejar plasmada la angustia del tiempo en estos versos, la angustia de no entender del todo cómo funciona. Se pueden ver las posibilidades a las que se aferra el lenguaje para comenzar a construir el pensamiento lógico o el pensamiento complejo o compuesto, y de qué manera este proceso tiene una vertiente innegablemente creativa. Por eso los niños y las niñas necesitan jugar a cocinar con barro, hacer poemas o dibujar y usar los colores, porque este proceso se fija a partir de estas representaciones de ficción. Preparar una sopa con agua y tierra o un poema... El camino es indiferente, pero resulta indispensable para que ese proceso se ponga en funcionamiento.

Vemos, en este caso concreto, la necesidad de controlar el tiempo. Desde el inicio, «Una vez me comí una pera», y, luego, «tardé años y años en comérmela». El tiempo es un concepto racional y lógico que todavía, a los cuatro años, no se domina y que ella intenta, a través de este juego, controlar. Y esa lógica pasa de la imagen al intento de entender la realidad: «cuando me la terminé / la pera ya estaba mucho más grande». La pera sigue existiendo, a pesar de que «me la terminé», porque necesita seguir existiendo y convertirse en el símbolo del paso del tiempo: tardé años y años, y por eso la pera estaba mucho más grande.

El símbolo lúdico no cuestiona su realidad. El niño o la niña, en este proceso tan primario como imprescindible, no necesita de la aprobación de la persona adulta. No le importa en absoluto, no se pregunta si para ella esto es real o no, si puede o no suceder, si es o no correcto. Por favor, no corrijamos a la infancia en estos casos, podemos envidiarla, pero no la corrijamos, porque lo que hacen es realmente importante. El símbolo lúdico no cuestiona su realidad, existe porque se halla en el lenguaje y en el pensamiento. Existe porque puede ser creado y ser nombrado. Es la creatividad en estado puro.

CONCLUSIÓN A MODO DE INTERROGANTE

Pero ¿qué sucede con esas infancias controladas por las pantallas, rodeadas de personas adultas que miran también sus pantallas? ¿Quién no ha visto, en cualquier circunstancia, a un niño o una niña pidiendo atención, llamando insistentemente? ¿Qué lugares y tiempos quedan para el juego creativo, para el juego simbólico? Habrá que reflexionar e intentar buscar un remedio.

LA IMAGEN: ¿ALIADA O ENEMIGA?

La imagen, aparte de su propio desarrollo como canal de expresión y comunicación, se ha utilizado a lo largo de la historia como elemento que ha acompañado los textos literarios para iluminar o ilustrar lo que se quería contar a la ciudadanía (tradicionalmente analfabeta). Los pareados o cartelones que los ciegos utilizaban como referente visual mientras ellos recitaban en voz alta o cantaban aquellos romances épicos o truculentos por los pueblos para que el público pudiera seguir la historia fueron el origen de la ilustración de los textos. También podemos ver aún en algunas iglesias católicas los retablos que contaban pasajes de la Biblia para los feligreses que no sabían leer. En este sentido, la imagen ha servido siempre para ofrecer a los ciudadanos una idea (o resumen) de lo que se quería transmitir sin necesidad de leer los textos. Esto ha tenido una evidente función formadora e informadora para los ciudadanos cuando no era tan común saber leer y escribir.

En los procesos educativos se sigue un proceso similar. Una vez reconocido el entorno, las personas y los objetos que nos rodean, aparece la imagen como una representación más fiel de la realidad hasta que se descubre la palabra (el lenguaje) como abstracción de esta. Así, podremos encontrar los primeros libros con fotografías o ilustraciones de los conceptos básicos (comidas, juguetes, familia) para ir acercándonos a las primeras palabras. En estos casos, la imagen nos sirve como una conexión ideal para construir el pensamiento y el lenguaje más básico.

Pero cuando nos adentramos en el mundo literario, es recomendable que esas historias de las primeras edades o los cuentos de transmisión oral se queden precisamente en eso, en un relato oral que permita que el niño recree o evoque los personajes y escenarios en su imaginario, sin un condicionante tan marcado por la ilustración. Este es otro motivo para intentar alejar las pantallas de las primeras edades, para que el niño pueda acudir a su propia experiencia o evocar su imaginario y no perpetuar imágenes estereotipadas de los personajes. De hecho, en 2019 la Organización Mundial de la Salud (OMS), después de analizar 277 artículos médicos y 10 estudios en cinco países con casi 7.500 participantes, emitió un informe en el que se recomendaba que los niños menores de dos años no deben ver la televisión ni jugar con pantallas en ningún caso. Entre los dos y los cinco años, se aconseja que usen esos dispositivos como mucho una hora, pero si es menos, mejor.

Como comentábamos en el apartado sobre la imagen estereotipada, es conveniente proponer diversidad de modelos para poblar así nuestro imaginario. Por ejemplo, si utilizamos siempre la misma imagen para representar al personaje de Caperucita Roja, se va a fijar un estereotipo muy difícil de superar. A nuestra generación nos ha ocurrido ya con la protagonista de *Alicia en el País de las Maravillas*: debido a la popularidad de la versión en dibujos animados, resulta muy difícil imaginarla con otro vestido. Por fortuna, en la actualidad, podemos disfrutar de infinidad de versiones ilustradas de diferentes estilos e imaginar al personaje de Alicia de muchas otras maneras.

Estamos viviendo un momento de saturación de imágenes que dificulta mucho el análisis pausado de estas, así como de la información que nos ofrecen. Sufrimos eso que algunos expertos han llamado infoxicación, una acumulación apabullante y asfixiante de imágenes y datos que evita que podamos discriminar lo importante de lo secundario. Se nos atraganta la ingesta de tanta información, con lo que se nos hace prácticamente imposible asimilar todo. Por eso, al final abdicamos y adoptamos una actitud más pasiva ante esos estímulos, de forma que engullimos sin *masticar* lo que consumimos con el grave riesgo de que, entre bocado y bocado ocioso, se nos cuele alguna empanada con cierto relleno de prejuicios o de doctrinas radicales que vamos a digerir sin más.

A este empacho de información contribuye la propia idiosincrasia técnica de la proyección de la imagen en televisiones, móviles y tabletas. Nos recuerda Lolo Rico, en su libro *TV, fábrica de mentiras*:

> ... en el cine uno está situado entre la pantalla y el proyector de la imagen, contemplando como espectador lo que se proyecta ante nuestros ojos. La fuente de luz queda a nuestras espaldas y así uno tiene que «adelantarse mentalmente» a los acontecimientos que se desarrollan en la pantalla. En el cine, el ojo conserva la iniciativa. En cambio, en las pantallas (TV, móvil, tableta), el emisor es el televisor y la verdadera pantalla somos nosotros, nuestro cuerpo, nuestros ojos, los cuales reciben las imágenes que aquel nos manda. De ahí que sea un medio técnicamente más pasivo: ante la televisión, el cuerpo recula mentalmente frente a una invasión de imágenes, cuya secuencia en realidad se desarrolla, no ya en el aparato, sino en uno mismo. En el cine se va hacia la imagen; en la televisión, la imagen se vuelve contra uno.

La propia Lolo Rico, después de analizar con dureza los programas infantiles de finales del siglo xx. Nos quedamos inactivos ante lo que pasa y tragamos todo sin más, nos explica qué dos funciones —que no suelen cumplir— deberían tener los programas dirigidos a la infancia:

> Estos programas deberían centrar al niño en una situación que explique de una manera seria, clara y sin falsedades la realidad que le rodea. O por lo menos, le lleve a cuestionarse por la naturaleza de esa realidad, para que el niño conflictúe con su entorno y vea los auténticos «problemas» y no falsas soluciones. Deberían estar planteados siempre con las más altas exigencias estéticas y artísticas, tratando de «asombrar» al niño con talento creativo en lugar de ofuscarlo con luces y confeti.

Insiste Rico en que, si los programas cumplieran estas dos funciones, nos interesarían también a los adultos. Hermoso ejemplo fue *La bola de cristal*, el programa que ella misma dirigía, en el que gran parte de su audiencia superaba los dieciocho años, como ella misma desvelaría más tarde en algunas entrevistas con motivo del aniversario del programa.

En 2017 invitamos a Květa Pacovská a nuestras Jornadas de Animación a la Lectura JALEO. Suyo es un concepto muy interesante que utilizamos siempre en nuestros talleres de animación para docentes y familiares. Decía que «el álbum ilustrado es el primer museo del niño». Pacovská era artista (pintora y escultora) y se sorprendía de que ni siquiera sus colegas de oficio, también artistas, llevaran a sus hijos a los museos, incluso a sus propias inauguraciones. Así que empezó a aplicar su estilo pictórico y escultórico en libros (o artefactos) dirigidos a la infancia para que el *museo* fuera hacia ellos. Por eso podemos disfrutar de sus maravillosos libros, con una estética tan singular y emocionante.

Su trabajo nos lleva a la siguiente conclusión: ¿no deberían los álbumes ilustrados, al igual que los museos, mostrarnos diferentes estilos pictóricos o formas de ilustrar una historia? ¿Por qué en ocasiones tenemos la sensación de que todas las ilustraciones pensadas para la infancia son tan iguales? ¿Por qué gran parte de la industria editorial sigue pensando que a los niños hay que *facilitarles* la lectura de las cosas?

Encontramos grandes similitudes entre el pensamiento de Lolo Rico y el de Květa Pacovská en cuanto a la exigencia de la calidad artística y la variedad de estilos en la imagen que ofrecemos a la infancia. Si queremos que esta no se *trague* cualquier imagen estereotipada y plana, tenemos la obligación moral de seleccionar con más cuidado el menú audiovisual. Como sabemos que esto no resulta fácil, al menos seamos conscientes de ello y no alimentemos esta maquinaria destructiva de la estética y el buen gusto. Intentemos filtrar lo máximo posible la calidad de la imagen que consumen nuestros niños.

Nos cuenta Lolo Rico también una experiencia en el Museo del Prado cuando era niña. Dice que ella no entendía nada de lo que allí veía. Esta percepción se la hemos oído también en muchas ocasiones a escritores cuando narran cómo *robaban* libros de la biblioteca de sus padres y los leían sin entender muy bien lo que decían. Pero Rico insiste en que es necesario practicar ese tipo de actividades porque el buen gusto se crea, el sentido estético se desarrolla y la belleza se nos desvela a través de estos estímulos y de una buena educación al respecto. La iniciación a lo bello, a lo maravilloso, como hemos insistido en apartados anteriores, puede y debe ser facilitada a la infancia.

En definitiva, la imagen por sí sola puede funcionar como aliada cuando nos ofrece diversidad de modelos estéticos, pero puede convertirse en enemiga si solo reproduce estereotipos y mensajes repetitivos y planos. En nuestra mano está el uso que hagamos de ella.

EL SECUESTRO DE LO LÚDICO

Suena un poco dramático este titular, pero es terrible ver cómo un grupo de niños, reunidos en el banco de un parque, miran su teléfono móvil (cada uno el suyo) y se muestran, de vez en cuando, el cómputo total de puntos de su partida o el alcance de su epopeya digital.

Cuando les llamas la atención al respecto, se defienden con que están jugando, pero de otra manera, que ahora se juega así, etcétera. Es cierto que la sociedad evoluciona, que cambian la literatura, la música y el arte, y que no conviene anclarse en lo que nos gustaba a nosotros con la cantinela de «cualquier tiempo pasado fue mejor». Hay que estar abiertos a lo que cada generación aporta. El mundo digital ofrece otras modalidades de juego. Pero creemos que esto es un problema más complejo y con consecuencias bastante más tristes, como hemos demostrado en los primeros capítulos de este libro. Habrá que analizar qué ganamos y qué perdemos con esta situación, como individuos y como sociedad.

Recuerdo que, yo, Jesús, siendo estudiante de magisterio, invité a mi madre (ya mayor) a que asistiera una muestra de un taller de teatro en el que yo participaba. En la comida previa, pudimos ver cómo otro grupo de maestras estaban jugando en el césped a juegos tradicionales como la comba, la goma o el pillapilla. Mi madre me preguntó qué hacían y yo le conté que era un curso de recuperación de juegos tradicionales. Su asombro fue mayúsculo y no olvidaré sus palabras: «Tiene guasa, tener que venir a la universidad para aprender los juegos a los que jugábamos en la calle cuando éramos pequeñas». Ella no acababa de entenderlo, y yo tampoco. ¿Cuándo habíamos dejado de jugar? ¿Qué cambió en nuestras ciudades o costumbres para que se fuera perdiendo la magia del jugar porque sí? Yo he crecido ya en un entorno urbano y, aunque pude disfrutar un poco del juego en la calle, las céntricas calles de Madrid no parecían el lugar más adecuado para el juego libre. Afortunadamente, unas obras de acondicionamiento del pavimento cerraron al tráfico de mi calle durante casi un año y pude vivir lo que era salir de casa y juntarme con mis amigos sin la amenaza de los coches. Pintábamos rayuelas en el suelo, jugábamos con la arena de los obreros y podíamos *tapar la calle* cuando jugábamos al rescate o al pillapilla. Recuerdo también jugar en la plaza de Santa Ana, antes de que fuera invadida por las terrazas de los locales colindantes.

En aquella plaza compartíamos espacio con la gente mayor que gustaba de sentarse en los bancos a charlar y ver pasar la tarde.

En el capítulo en el que hablábamos del entorno, citamos a Francesco Tonucci y su proyecto expuesto en el libro *La ciudad de los niños*. Uno de sus argumentos para dar la voz a los niños en los Congresos de Niños que planteaba en los ayuntamientos en los que intervino era precisamente que en las ciudades ya no se veían niños por la calle porque no tenían espacios para existir. Quiso Tonucci que las corporaciones municipales escucharan las demandas (sencillas, directas y fáciles de entender) sobre espacios para la infancia, que estaban destinados a jugar juntos. De hecho, una de las conclusiones que se estableció con su estudio fue que cuanta más presencia de personas mayores y niños hubiera en la ciudad, esta se volvería más pacífica, más tranquila y rebajaría la agresividad de los vehículos y las prisas. Espacios para jugar. Parece sencillo.

En los talleres de escritura creativa que impartimos a docentes siempre insistimos en esto. A la creatividad hay que proporcionarle espacio y tiempo. Un lugar y un momento en los que poder jugar e inventar libremente. Dentro de la asfixiante parrilla horaria de las escuelas, es importante reservar un rato a la semana para hacer propuestas de juego creativo. Pero la escuela (salvo excepciones maravillosas) no suele tener tiempo para eso. No llegamos a cubrir el temario, tenemos que enseñar muchas cosas, así que no podemos *perder el tiempo* con esto. A la escuela no se viene a jugar... Pues qué pena.

Si quieres una escuela creativa, tener alumnos creativos, has de dejar espacios para el juego. O enfocar las clases como un espacio de juego. O diseñar tu programación didáctica desde el propio placer del descubrimiento y el aprendizaje. Resulta tentador esgrimir como excusa que un niño no puede aprender a hacer ecuaciones de segundo grado jugando al tres en raya. Obvio. Más bien se trataría de encontrar la metodología didáctica basada en las premisas del juego. Como ya dijimos, cuando juega, el niño está absolutamente involucrado en el juego y se vuelca en descubrir y aprender. Su motivación irá en aumento y el descubrimiento de una regla o una fórmula para aplicar en el futuro es emocionante y lo animará a seguir indagando en esos procesos.

Jugar se convierte, entonces, en el mejor campo abonado para la creatividad. **Las prisas, los miedos, la urgencia o la presión social pueden asfixiar la predisposición creativa y no dejar que el cuerpo y el cerebro jueguen e inventen.**

Es cierto, y así lo reconocen casi todos los artistas, que tener un límite (de tiempo o de presupuesto) suele provocar soluciones muy creativas. O que cuando el tiempo apremia (y se acerca el *deadline*, la fecha de entrega), la creatividad se afina y selecciona más rápido las ideas finales para terminar la tarea. Y a veces esa premura para acabar puede acentuar la creatividad en la toma de decisiones. Pero volvamos a esos muchachos sentados en el parque con sus juegos digitales individuales. Lo preocupante es precisamente la desaparición de la corporeidad, del contacto físico, la mirada, la presencia del otro... Justo una de las inquietudes con respecto a la adicción a las pantallas es el aislamiento paulatino de los individuos, ese ningufoneo que provoca la atención al móvil. ¿Dónde está el otro? ¿Dónde está el grupo social? Si las relaciones sociales van a ser tan importantes para el desarrollo de la personalidad del niño, ¿por qué dejamos en manos de las pantallas la destrucción de ese tejido? Y lo que es peor, lo que se esconde detrás de las pantallas, ¿qué modelos o pautas de relación están recibiendo nuestros muchachos sin un acompañamiento que los ayude a discernir lo que les puede ayudar de lo que les puede dañar?

El juego es compartir tiempo y espacio con los otros, para los otros, una socialización pura y dura que consolida el tejido social y la empatía. Si no hay espacio para el juego, no lo habrá para lo creativo, pero tampoco para lo social.

CREAR CON...

En este apartado nos vamos a centrar en la parte práctica. Veremos ahora herramientas y propuestas prácticas que llevar a cabo con diferentes materias; propuestas y ejemplos que nos pueden ayudar a crear, a despertar el apetito lúdico y, sobre todo, a tener alternativas para dosificar y alejarnos de las pantallas.

Esperamos que, además, sirvan como disparadero y puedan ser semilla de otras propuestas, otros materiales, otros temas... porque se puede crear prácticamente con nada, con la voz, las manos y las ganas. Pero si ponemos imaginación y creatividad, las opciones son infinitas. Veamos algunos ejemplos. Como ya hemos comentado, la mayoría de mis talleres creativos se estructuran a partir de algunas preguntas o dinámicas donde pido respuestas grupales. Antes de iniciar la actividad individual, jugamos todos. Así, es mucho más fácil ver el mecanismo que estamos poniendo en marcha, de la participación grupal a la parte individual. Muchas veces yo, Mar, diseño las propuestas para hacerlas en pareja. La mente colmena, esto es, el trabajo colectivo es un formidable catalizador de la creatividad.

CREAR CON RIMAS, RITMOS Y POEMAS

La rima da muchísimo juego creativo, tanto para los más pequeños (como hemos visto ya) como para niños más mayores. A la rima se entra por la música de las palabras, por la repetición. Suele darse de manera espontánea en la infancia y les encanta. Dinamizar y jugar con las rimas es sencillo. Aquí os dejamos algunas propuestas de rima y juego rítmico:

- **La cesta de las rimas:** podemos jugar con la sonoridad de las palabras utilizando la familiaridad fonética y visual (pictogramas sacados de libros recitados con ellos y con la palabra escrita también). Muy pronto asocian el sonido a la rima y es fácil crear este recurso y llenar la cesta.

  Tendremos varias cestas o tarros donde iremos dejando las palabras que vayamos encontrando. La cesta del «león», de la «gallina», del «gato»... y luego podrán llegar a cada cesta sus rimas: «bombón, jabón, «melón; «cocina», «bocina», «cabina»; «zapato», «plato»...

  Como complemento a esta actividad podemos crear un poema con las diferentes cestas.
- **Poemas para completar recitando:** buscamos poemas y, al leerlos, los dejamos sin la parte que rima para que la completen con sus propias palabras.
- **Recitar jugando:** el recitado con rima es mucho más placentero si se acompaña de una actividad corporal y se marca mucho el ritmo. Por ejemplo, recitar poemas rimados e incluir bailes y movimientos creados para ese poema, pequeñas coreografías a modo de juego.
- **Jugar con ritmos:** el juego del eco, cantar, que la poesía esté presente cada día. Jugar a crear ritmos binarios: con monosílabos y bisílabos.

Las palabras de un solo golpe de voz establecen un ritmo primigenio con el que se ofrece el ritmo poético como una cantinela básica. Aquí va un ejemplo de juego. Pensamos en palabras monosilábicas: «pan», «sal», «mar», «sol», «Juan», «flor», «fin», «tres», dos», tras»... Añadimos un verbo a las palabras que hayamos escogido para situarnos en el territorio poético (podemos ayudarnos dando palmas): «Bebo pan, bebo sal, bebo flor, bebo sol». Otro día cambiamos el verbo: «Canto pan, canto sal, canto flor...» o «Bailo pan, bailo sal, bailo flor...>>..

En el caso de las palabras bisílabas el mecanismo es el mismo. Primero buscaremos palabras de dos golpes de voz: «mano», «queso», «hijo», «madre», «flores», «nieve», «amor», «silla»... Después, utilizando una fórmula que repetiremos en todos, formaremos series con las palabras por parejas: «Estas flores beben amor / este hijo bebe nieve» (en este caso hemos añadido este/as/os y la forma verbal beben. Pero podríamos aplicar cualquier otra fórmula que se nos ocurra: «Aquel queso tiene manos» o «Esta nieve sabe a madre». Es un juego muy divertido que siempre sorprende por lo absurdo de los resultados.

- **Crear pareados:** un pareado son dos versos que riman entre sí. Con nuestra ayuda, y si hemos escuchado poemas y canciones y tenemos nuestras cestas de rima..., a partir de los cuatro o cinco años, ya podemos comenzar a jugar a los pareados.

  Los pareados viajeros siempre comienzan con un «Fui...», por ejemplo: «Fui a la luna / a comer aceitunas», «Fui a Albacete / a por un cacahuete», «Fui a la mar / a por un calamar».

  Otra forma muy divertida de jugar a los pareados es hacerlo con los nombres: «Por ahí llega María / con su risa de sandía», «Por ahí llega Manuel / en un barco de papel».
- **Adivinanzas y refranes:** las adivinanzas rimadas y los refranes les encantan. Podemos crear los nuestros propios. Buscando ejemplos primero, el mecanismo de las adivinanzas o los refranes es siempre el mismo, con una rima sencilla.

- **Creación colectiva de un poema encadenado:** empezamos con «Arriba de la casa hay un pollito», y seguimos, siempre con la misma fórmula, usando la última palabra del verso: «Arriba del pollito hay una pluma», «Arriba de la pluma hay un barco», «Arriba del barco hay una nube». Se puede hacer tan largo como queramos. Después podemos (o no) deshacer el poema: «De la nube bajó el barco...», «Del barco bajó...». Y, por último, entre cada elemento, introduciremos una rima: «Arriba de la casa había un pollito / Tilín-tilín-tilín tocando el violín». Podemos imaginar tres rimas diferentes para crear musicalidad:

  «tilín tilín tilín, tocando el violín»,
  «tolón tolón tolón, tocando el trombón»,
  «tilete tilete tilete, tocando el clarinete».
  Nuestro poema quedaría, pues, de la siguiente forma:

  Arriba de la casa había un pollito
  tilín-tilín-tilín tocando el violín
  arriba del violín había una nube
  tolón tolón tocando el trombón
  arriba de la nube había un barco
  tilete tilete tilete tocando el clarinete...

- **Buscar rimas:** una actividad divertida y muy creativa es *robar* las rimas de un poema y después tener que buscar otras nuevas. A veces es muy gracioso por lo absurdo del resultado. Tomemos, por ejemplo, el poema «Preguntas nocturnas» del libro *¿Qué soñarán las camas?*:

  ¿Qué sueñan los sueños?
  Y... ¿qué soñarán las camas?
  ¿Contarán las ovejas
  personas saltando vallas?

Una de la infinidad de posibilidades:

¿Qué sueñan los sueños?
¿Qué cantarán los cocos?
¿Contarán las ovejas
pañuelos y mocos?

- Otra opción es tener una caja con palabras que riman y cambiar solamente la rima. Por ejemplo, si tenemos rimas con «ones» o con «anes» o con «ina», tendríamos distintas opciones:

¿Qué sueñan los sueños?
Y... ¿qué soñarán los sillones?
¿Contarán las ovejas
personas saltando camiones?
*

¿Qué sueñan los sueños?
Y... ¿qué soñarán los caimanes ?
¿Contarán las ovejas
personas saltando divanes?
*

¿Qué sueñan los sueños?
Y... ¿qué soñarán las gallinas?
¿Contarán las ovejas
personas saltando Marcelinas?

- **Hablar con rima**: otro juego muy divertido, que solo necesita un poco de práctica y escuchar poemas con regularidad, es jugar a hablar con rima en momentos cotidianos. La premisa es que si alguien habla con rima hay que responderle con otra. Por ejemplo, el o la peque dice:

Vamos a desayunar, mamá
unas tostadas de pan.

Y hablaremos con rima
si estamos en la cocina.

Y la madre responde:

Me parece bien tu plan,
pero ¿te has vestido ya?
Pregunta a tus zapatillas
si también quieren tortilla.

- **Crear poemas respondiendo preguntas:** se trata de realizar poemas respondiendo preguntas a partir de un muñeco o dibujo, luego construiremos el poema con las respuestas. Podemos repetir alguna palabra usando el eco, por ejemplo:

¿Quién es?
¿Qué parece?
¿Y te gusta?
¿Qué hace?
¿Y se irá?

El resultado sería el siguiente:

La luna, luna, luna
parece un botón,
que me gusta como un queso.
Se irá cuando salga el sol.

Algunos ejemplos hechos por niños y niñas de seis o siete años del CEIP La Navata, en Madrid:

La luna en el agua
pequeña pequeña

se ríe con ganas.
*
El aire
en el cielo
invisible sopla.
*
La luna llorona
blanca y brillante
llora con sus amigas.
*
El limón en Galapagar
ovalado ovalado
se cae de cabeza.
*
El aguacate en la cebolla
peludo peludo
se atraganta en un Chewaca.

- **Acrósticos:** crear pequeños poemas en los que cada verso comience con las letras de los nombres. Pueden ser nombres propios u objetos. Por ejemplo:

M*e mira y yo la miro*
E*stá siempre muy parada*
S*ueña con trotar salvaje*
A *saltos por la sabana.*

- **Trabalenguas**: buscar y recitar trabalenguas. Intentar inventar trabalenguas propios.
- **Fábrica infinita de poemas**: primero inventamos un verso que contenga verbos, adjetivos y sustantivos. Por ejemplo:

«La casa tenía **sillas**, eran muy **grandes**, **caballos azules** para **volar**».

Ahora preparamos las listas de palabras:

- Para la acción elegimos verbos en infinitivo, que sustituirán a «volar»: «comer», «jugar», «saltar»...
- Para las cosas y animales, buscamos sustantivos que coincidan en género y número con los que hay en el verso inicial: «mesas», «sillas», «caballos», «baúles», «coches», «estrellas», etcétera.
- Y los adjetivos: «grandes», «pequeños», «apestosos»...

Y ya podemos comenzar... y crear un poema tan largo que puede llegar al infinito.

Inicial: «La casa tenía **sillas**, eran muy **grandes**, **caballos azules** para **volar**».
Otros: «La casa tenía **barcos**, eran muy **enclenques**, elefantes enfadados para **dormir**».
«La casa tenía **zapatos**, eran muy **listos**, **volcanes verdes** para **abrazar**».

- **La sinestesia**: un recurso muy sencillo para crear pequeños poemas es jugar a combinar los sentidos, por ejemplo, un olor con un sonido, un sabor con un color o paisaje... Al combinarlos entre sí generan una extrañeza creativa que divierte y estimula el juego poético. Algunas preguntas que podríamos realizar son estas:

«¿De qué color es la música?».
«¿A qué sabe el color azul?».
«¿Si fueras una estación cuál serías?».

Y algunas de las respuestas que obtendríamos podrían ser estas:

«Esta pizza sabe a nubes de queso».
«Me gustan las canciones azules».

«La nieve es de coco».
«Hoy soy la primavera, estoy feliz».

- **Propuestas que retan:**

  —Poemas univocálicos: «La araña canta la nana».
  —O que no tengan una letra, vocal o consonante.
  —Tautogramas (cuando todas las palabras comiencen por la misma letra): «Tantos troncos tontos trinan».
  —Que cada palabra del verso comience por una letra que se repite en los demás versos, por ejemplo: «Por oscuros estrechos senderos / iba andando Paula / Osada, esquivaba serpientes / que ilusionadas amasaban».
  —Y todas las que se os ocurran...

CREAR CON TEATRO

El juego dramático o teatral es una manifestación intrínseca al ser humano, algo arraigado a los ritos originarios de la humanidad y que nos ha acompañado desde entonces. A todos nos gusta imitar a otros o poner voces. En la infancia, cuando el sentido del ridículo no está tan acentuado, jugamos constantemente a ser otros. Nos encanta imitar a personajes públicos, profesores o familiares.

El teatro es una herramienta estupenda para jugar y desarrollar nuestra creatividad. Obviamente, para jugar al teatro, no es obligatorio preparar obras para un público, aunque tampoco tenemos por qué rechazarlo. Puede ser una buena idea que, en un momento determinado, mostremos a los familiares algo que hayamos preparado.

BAÚL DE RECURSOS

Una de las estrategias que siempre proponemos (en escuelas o entornos domésticos) es tener un pequeño baúl (también puede ser un armario) con telas, ropa en desuso y algunos sombreros o elementos de disfraces para jugar libremente y convertirnos en personajes de inmediato. Recomendamos que los materiales no estén demasiado definidos. Es decir, es mejor tener una tela que un sombrero de cowboy, puesto que unas telas, unas chaquetas, unos sombreros, unos bastones... ofrecen un montón de posibilidades.

CUENTOS, CANCIONES Y COMEDIA

A partir de relatos conocidos, cuentos tradicionales, canciones infantiles, romances o chistes que conozcamos, podemos representarlos haciendo los personajes, simulando las escenas, etcétera. Aconsejamos prescindir de un narrador porque así tienen que pensar cómo resolver escénicamente lo que suele dejarse para el narrador o aparece en las acotaciones de los textos: «Al día siguiente...», «le dijo asomándose por la ventana...», «sin mucho interés...», por ejemplo. Podemos usar los cuentos de nuestra biblioteca u otros que nos sepamos de memoria.

TÍTERES Y OBJETOS

Es posible que algunos niños no tengan aún la suficiente confianza y autoestima para adoptar roles y representar papeles en el juego dramático. En este caso, podemos ofrecerles muñecos u otros objetos para que se proyecten en ellos. De hecho, en algunas sesiones de terapia, ante bloqueos psicológicos, se utilizan muñecos y títeres para verter sobre ellos nuestras dificultades. De este modo canalizamos a través de los personajes (el otro que no soy yo) lo que sentimos y pensamos.

Podemos proponerles una escena entre los cubiertos de la cocina. ¿Qué le diría el tenedor a la cuchara? ¿O por qué el cuchillo es tan serio? ¿O qué le diría un cubilete de dados al rotulador.

Este juego, obviamente, estará más motivado si los adultos hemos preparado el camino jugando con los objetos que rodean al niño. Jugar con la cuchara de la comida para que abra la boca y se coma la papilla es la antesala del teatro de objetos.

Como todo juego, el haber compartido tiempo de juego con los padres facilitará que luego esto se pueda hacer de manera autónoma.

MÍMICA

Está muy extendido el juego de las películas, en el que un equipo tiene que adivinar el título de la película gracias a los gestos y la mímica de uno de sus componentes. Aunque es un juego muy conocido, lo explico brevemente (soy Jesús). Se hacen dos equipos. Uno elige el título de una película y se lo dice (en secreto, al oído) a un componente del otro equipo. Este jugador ha de intentar, a través de la mímica, que su equipo adivine el título de la película elegida. Y así sucesivamente.

Para jugar a la mímica, a veces propongo en mis talleres la caja mágica. Se trata de una caja imaginaria de la que van saliendo, claro, objetos imaginarios. Cada vez que saco uno, lo utilizo (con mímica) para que el resto del grupo (o la otra persona) adivine qué es. Se puede empezar con objetos muy sencillos (un peine, un cepillo de dientes, un espejo, un pintalabios...) y luego ir haciéndolo más complejo (una batidora, un microscopio, un serrucho...).

IMPROVISACIÓN

Es más difícil jugar a la improvisación de manera individual, pero si hay varios niños o familiares, se puede jugar perfectamente. Consiste en inventar una historia breve a partir de un estímulo inicial, teniendo muy poco tiempo para prepararlo (o ninguno). Se van improvisando los personajes, el argumento y la resolución de la trama. Preparamos entre todos unos títulos sugerentes y los metemos en un recipiente (una cesta o un sombrero) para cogerlos ahí y que sea el azar el que elija el título que se tiene que improvisar.

Intentad que los títulos sean lo más sugerentes y abiertos posible para que contemplen múltiples posibilidades. Os dejamos aquí algunos para que podáis empezar: «Detrás de la puerta»; «¿Has oído eso?»; «¡El siguiente!».

EL TELEDIARIO

Este es un juego que les suele gustar muchísimo. Además, es muy completo porque alberga distintos procesos y puede ocupar varios días. Consiste en hacer una parodia (una imitación cómica e irónica) de un informativo. Puede ser algo completamente improvisado o más o menos guionizado.

Por ejemplo, preparamos con ellos una escaleta de cómo se va a desarrollar el telediario. Es decir, empezaremos por un saludo, seguiremos con las noticias de última hora (las más importantes), luego decidimos qué secciones vamos a contar (política nacional, internacional, economía, cultura, deportes, previsión meteorológica, sucesos...).

Para simular un televisor, tomamos una caja de cartón, recortamos la parte de atrás y un recuadro de la superficie. Nos ponemos detrás e imitamos a los presentadores. Podemos conectar en directo con la calle y que un reportero entreviste a alguien en concreto (obviamente, será el propio niño el que haga de entrevistador y entrevistado). Y así pasando por todas las secciones. La actividad puede dar pie a que durante varios días estemos preparando el guion de las noticias, aunque no conviene que se pierda el interés por el juego.

ASISTIR AL TEATRO

Obviamente, aquí proponemos ver representaciones teatrales de toda índole: teatro de objetos, circo, *clown*, teatro de texto, musical... Como ya dijimos, si queremos ser creativos, hemos de alimentarnos de cosas creativas. El teatro es una de las artes más completas. Estamos reunidos en el mismo espacio los actores y nosotros, el público. Y aunque sabemos que todo es ficción, compartimos un momento mágico en el que unas personas se convierten en personajes para contarnos una historia que nos interpela y nos interroga. Es recomendable huir de las propuestas teatrales que pretenden imponernos una forma de comportamiento o intentar adoctrinarnos diciéndonos lo que está bien y lo que está mal, por ejemplo, esas que nos dicen que «nos portemos bien», «que hay que reciclar», etcétera. Será siempre mejor acudir a esos espectáculos que dejan preguntas en la cabeza de los espectadores (sean niños o adultos) y que permiten que salgas de la sala reflexionando sobre lo que acaban de contarte.

Por supuesto, si la estética y la interpretación también acompañan, pues mucho mejor. Es fácil distinguir las propuestas que pretenden ofrecer una conversación con el espectador de las que exclusivamente entregan un artefacto ocioso y de entretenimiento.

CREAR CON LA LECTURA Y SUS POSIBILIDADES CREATIVAS

La lectura, ya sea de ficción o de libros de conocimiento o no ficción (de experimentos, de naturaleza, del espacio...), abre la mente a procesos creativos. No solo fomenta la creatividad artística, sino que puede ser un motor maravilloso para desarrollar la mente creativa científica. Hay distintas posibilidades a partir de la lectura:

- **La lectura de ficción: leer por placer.** Una buena historia, leída sin ningún objetivo más allá del disfrute. Compartir lecturas en familia es una forma maravillosa de afianzar el amor por la lectura. Aunque los niños y niñas ya sepan leer por sí mismos, es siempre recomendable dejar un ratito al día para leer en voz alta, conjuntamente, ya sea una historia por capítulos o algún poema. Leer poesía, narrativa, teatro... sin duda alimenta la creatividad y pone en marcha la imaginación creadora.
- **La lectura de no ficción: leer por curiosidad**. Libros sobre experimentos, el espacio, la ciencia, el cuerpo humano, sobre naturaleza o animales... En este caso, además de la lectura, podemos llevar a

cabo experimentos, dibujar en un cuaderno de campo, investigar y probar.

Y, por supuesto, la lectura tiene distintas opciones sencillas para despertar la curiosidad y la creatividad:

- **Para escribir historias**:

—**Estructura**. Primero construimos una base lectora y planteamos diferentes actividades de escritura. Nos harán falta algunas nociones sencillas, como conocer la estructura básica: inicio, nudo y desenlace. El inicio presenta la historia, el nudo gira en torno a un conflicto que hay que resolver y el desenlace es cómo dicho conflicto se resuelve.

Podemos ayudarnos con algunas preguntas sobre la estructura: ¿quién era el personaje? ¿Dónde vivía? ¿Qué le pasaba para tener que irse de allí? ¿Tenía que buscar algo o enfrentarse a un enemigo? ¿Cómo consigue su objetivo? ¿Qué encuentra para volver a casa?

Otras preguntas, más definidas y que añaden un elemento disruptivo, podrían ser estas:

- ¿Cómo era el protagonista? (Descripción del personaje)
- ¿Dónde vivía? (Su rutina y lugar)
- ¿Por qué tenía todos los objetos de su casa fuertemente sujetos? (Elemento disruptivo que marcará el cambio en nuestra historia)
- ¿Tenía alguna cualidad especial? (Optativa, la narración continúa explicando o no el porqué)
- ¿Qué sucedió para que esto cambiara? (Final del nudo e inicio del desenlace)
- ¿Cómo terminó la historia? (Desenlace)

A partir de la historia y haciendo las preguntas, podremos guiarles y tejer una historia.

—**Personajes**. Otra fuente inagotable de imaginación creadora. Podemos añadir complejidad a la historia si incorporamos características a los personajes. Algunas preguntas que pueden ayudarnos: ¿cómo era el o la protagonista? ¿Era humano o un animal? ¿Tenía garras o alas? ¿Comía niños o era vegetariano? ¿Cuántos ojos tenía? ¿Tenía plumas o alas? ¿Era grande o pequeño? Incluso podemos dibujarlos y crear una historia ilustrada.

—**¿Qué pasaría si...?** Algunos detonantes creativos para escribir historias nacen de llevar las respuestas al límite de lo imposible. Podemos partir de situaciones cotidianas o de frases hechas. Aquí tenéis algunos ejemplos:

- ¿Qué pasaría si alguien tuviera la cabeza en las nubes, o la cabeza llena de pájaros, o...?
- ¿Qué pasaría si me comiera todo...?
- ¿Qué pasaría si para quitarme el frío me pusiera toda la ropa del mundo...?
- ¿Qué pasaría si...?

—**¡Cambio!** Otro generador de historias es intercambiar los personajes de cuento entre ellos. O cambiar sus características. Podemos inventar que Caperucita es una peligrosa forajida, que Blancanieves se transforma en Blancafuegos, que se encuentran a todas las brujas de todos los cuentos... En fin, un cambio de perspectiva siempre es un fabuloso disparador creativo.

—**Juegos narrativos**. Los juegos son otras formas de incentivar la creatividad de la narrativa:

- En **los cuentos viajeros**, cada participante tiene un objeto o una palabra y ha de usarla en su turno. Hay juegos de cubos o cartas para este tipo de propuestas, pero es mejor crear nuestro juego desde cero. Podemos hacer dibujos o pintar piedras de río, hacer cartas o, incluso, jugar con objetos que encontremos... La premisa es construir un cuento colectivo usando elementos que, al mezclarse, resulten poco comunes: abeja, alien, mosca, espada, nave espacial, cofre, niña, bosque... Cada cual añade su parte, y, al surgir aleatoriamente, las posibilidades son infinitas.

- **El binomio fantástico**, que recogió Gianni Rodari en su *Gramática de la fantasía*: elegimos dos palabras al azar que tendrán que estar en la historia. Por ejemplo: una vaca y un alien. O un barco y una plancha. Una niña y una gallina...
- **Los protagonistas**, que pueden ser conocidos, nosotros mismo... Para crear nuestra historia les añadimos características especiales. Por ejemplo, la abuela era tan rápida que llegaba a los sitios antes de que sucedieran las cosas, incluso podía viajar en el tiempo. El abuelo era capaz de saltar tan alto que llegaba a las nubes. Cofres mágicos, poderes..., cualquier cosa sirve para aliñar la historia y azuzar la creatividad.
- **Destinos imposibles** con los que crear historias pensando en viajes maravillosos o lugares fantásticos que no existen. El país de la risa, el país del chocolate... Primero lo describiríamos: cómo sería, qué harían sus habitantes, por qué me gustaría o no... Podemos añadir la actividad de «¿Qué sucedería si...?», porque si todo fuera de chocolate, por ejemplo, también habría muchos inconvenientes que nos harían querer regresar de allí...

  Además de crear destinos imposibles, también podemos pensar en la fauna y la flora de la zona: un cuaderno de animales y plantas para acompañar cada destino.

—**El juego de las definiciones inventadas**. Elegimos una palabra al azar, inventamos una nueva definición y la usamos en una frase. Puede ser una definición por sonoridad, es decir, según cómo suena. Por ejemplo, la palabra «estufa». Su definición nueva: máquina de escupir aire para asustar a la gente. Uso en una frase: «Al final terminó detenido, porque le gustaba mucho gastar bromas pesadas, incluso tenía una estufa y solía utilizarla». O puede ser una definición aleatoria. Por ejemplo, la palabra «mesa». Su definición nueva: angustia ante una sensación inminente de peligro. Uso en una frase: «Tuvo que tomarse una tila, antes de los exámenes siempre se pone muy mesa».

—**El juego del soy y veo**. Pensamos en un objeto cualquiera y describimos cómo seríamos y qué veríamos si fuésemos ese objeto. El resto tienen que adivinarlo. Por ejemplo: «Soy blandito y veo traseros, cojines y pelos de gato». ¿Qué eres? Pues un sofá.

- **Para investigar y hacer experimentos**. Un buen libro de ciencia para niños y niñas, sea de física, de química o de naturaleza, puede ser un detonante maravilloso para promover el pensamiento creativo científico. Comprender los procesos y poder llegar a crearlos es fascinante. Animamos la observación científica y buscamos las respuestas, incluso, podemos llevar a cabo experimentos sencillos a partir de preguntarnos cosas. ¿Cómo funciona la evaporación del agua? Podemos crear una pequeña fábrica de nubes en los fogones y entender cómo funcionan las nubes en el cielo. ¿Cuáles son las propiedades de la luz al atravesar el agua u otros objetos? ¿Cómo se forman las pelusas debajo de la cama? ¿Por qué el aceite y el agua no se juntan nunca...?

  Hay infinidad de actividades que se pueden desarrollar a partir de la ciencia y existen muchos libros de experimentos para niños y niñas que no son nada complicados y que podemos realizar con cosas que tenemos en casa: libros de curiosidades, de experimentos de química o de física para niños, sobre las cosas diminutas o lejanas como el espacio, sobre especies animales... La curiosidad es infinita. Los experimentos darán pie a muchas preguntas que nos permitirán comprobar las teorías que se exponen.

CREAR CON LAS MANOS

Crear cosas con las manos es, además de creativo, fundamental para desarrollar y afianzar procesos como la psicomotricidad. Además, en vez sostener una pantalla o un mando de videojuego, que aumenta el cortisol y el estrés, lo que hacemos es modelar, sin más deseo que el propio acto creador. Esta actividad es sumamente relajante.

- **Arcilla, barro, plastilina, etcétera.** Dentro de casa, sin duda, la arcilla es la mejor opción si queremos cocerla o que quede endurecida. También nos servirá la plastilina. Podemos crear objetos a partir de diferentes técnicas, como los cilindros (también llamados churros) o las bolitas. Podemos usar moldes, incluso fabricarlos, y utilizar técnicas de grabado con objetos para hacer incisiones. Pintar la arcilla una vez seca y crear objetos útiles o artísticos, pero, no nos olvidemos, intentemos no juzgar los resultados.

  Si la actividad se realiza fuera de casa, podemos utilizar arena o tierra y crear barro con agua. Aquí las opciones se multiplican, porque el acto creador va más allá y se puede mezclar con otros materiales. A diferencia de la arcilla, la plastilina u otros materiales moldeables, el barro hecho con tierra y agua es más volátil. Permite un juego creativo efímero y más dirigido hacia el juego simbólico.

  También podemos crear nuestros propios materiales de modelado: hacer *slime* con maicena (harina de almidón de maíz) y agua, o con cola blanca y detergente de la ropa, o una masa con harina y agua. Incluso, más adelante veremos cómo crear en la cocina con, por ejemplo, masa de bizcocho, galletas o pan para configurar figuras comestibles.

- **Dibujar, pintar.** No podemos olvidarnos de la pintura y el dibujo. Al modo de Arno Stern, sin juicio, sin que nadie pregunte, dejamos espacio para la formulación. Es importante adecuar un espacio que pueda ser *manchado* y usar tintas, pinturas de dedo, lápices, tizas... Y no olvidemos que los caballos también pueden ser azules. Animémonos a estampar, hacer cuños, dejar marcas de color. Utilicemos objetos extraños para pintar: un colador, hilos, un cepillo de dientes... Pensemos también en dibujos con tinta de colores y almohadillas de cuños. Otra opción es dibujar componiendo formas con las huellas dactilares o con rotuladores de colores, y luego completamos los dibujos añadiendo bigotes, orejas, sombreros o lo que haga falta.
- **El arte de doblar y cortar papel**. Es el ancestral arte conocido como *origami*, a través del cual podemos hacer desde las figuras más sencillas, como el barquito o el sombrero, hasta otras complicadísimas. El arte de crear con papel no termina nunca. Se puede hacer *origami* con papel, pero también podemos crear figuras de cartón o cartulina, con tubos de papel o cajas pequeñas, papeles vegetales o cartulinas. Podemos asimismo fabricar libros caseros, cosidos o pegados. Hacer pop-ups o libros sin palabras, es decir, de imágenes, libros mudos, silentes.

  Os proponemos otras ideas: hacer farolillos o blondas con papel recortado, ¡cuántas horas pasaba Mar cuando era niña haciendo esta actividad! Preparar un collage, con corta y pega de revistas y periódico. Se pueden hacer a través de imágenes, pero también con palabras y titulares para construir un poema.
- **Tejer, tintar, bordar, coser, transformar.** Transformar prendas o hacerlas. Coser. Tintar camisetas con nudos fuertemente atados. Tricotar. Bordar. Hacer peluches, almohadas, bolsos de tela, para los que podemos reutilizar prendas viejas, lana, hilos. Aprender a hacer macramé, esparto o trabajar otras fibras naturales.

Aprender a coser ropa o hacer tintes con productos naturales.

Aprender a hacer bisutería con cuerdas o cordones, con cuentas, o adornos para el pelo, pendientes, cinturones, con diferentes técnicas y productos.

- **Reciclar con piezas sueltas.** Si hacemos acopio de piezas sueltas y las clasificamos por tamaños y colores, después podremos utilizarlas de diferentes maneras. Por ejemplo, podemos usar las piezas recuperadas de desecho, previamente lavadas, para fabricar objetos útiles u ornamentales, o con elementos de plástico que sean de un mismo color podemos hacer murales o cuadros.

  Estas son otras ideas:

  —Mecanismos de movimiento, de efecto dominó.
  —Cortinas o adornos para la casa (clips, tapones, abridores de latas, cápsulas de café...).
  —Carteras con envases de brik vacíos.
  —Decoraciones para fiestas, cumpleaños y otras fechas señaladas usando la imaginación y nuestra creatividad.

- **El arte de la pareidolia**. Uno de los actos más esenciales de la creatividad es *ver* caras en todos los sitios. Se pueden ver caras en las nubes, en las manchas de las paredes, en las piedras, en el suelo, en los objetos, en las máquinas... en cualquier lugar.

  La simple observación ya es un acto creativo. Pero podemos ir un poquito más allá y crear esas *caras* con nuestras propias manos y fabricar muñecos y figuras con objetos. ¿Cuántas cosas se pueden crear con tapones de corcho? Incluso pequeños muñecos articulados o autómatas (si se nos da bien la mecánica).

  También podemos fotografiar las caras que veamos y hacer una colección.

  Usar la pareidolia para preparar los platos es una buena idea porque siempre es más apetecible si el arroz con huevo tiene cara de payaso.

CREAR CON LA NATURALEZA

La naturaleza es una fuente inagotable de recursos para el juego y la creatividad. El simple hecho de dar un paseo a pie o en bicicleta por una zona natural puede convertirse en toda una aventura. Disfrutar del aire libre o caminar por rutas y senderos establecidos es una experiencia excelente para salir un poco de la rutina o del universo de las pantallas. Se puede valorar previamente la dificultad de la ruta. Las oficinas de turismo de la localidad más cercana pueden recomendarnos algunos caminos especiales para familias con niños.

MIRAR Y RECONOCER

Una de las actividades más hermosas y reconfortantes que puedes hacer en el campo es la de observar la propia naturaleza. Podemos mirar e intentar reconocer las diferentes especies de árboles que encontremos por el camino, o dedicarnos a observar aves. Hay zonas escondidas (con casetas construidas para tal fin) desde las que contemplar el proceso migratorio de las aves con el uso de unos prismáticos.

Si se nos da bien el dibujo, podemos elaborar un pequeño cuaderno de campo en el que dibujemos lo que nos llame la atención del paseo. También podemos hacer fotografías que luego imprimiremos y colgaremos en casa.

TOCAR Y SENTIR

Por supuesto, podemos jugar a potenciar los otros sentidos. Por ejemplo, podemos probar a sentarnos en algún lugar seguro y taparnos los ojos para intentar escuchar todos los sonidos que habitan en el campo o discriminar los olores cercanos.

También podemos jugar a hacer barro con la tierra del campo y sentir sus diferentes texturas. De hecho, con los niños más pequeños es absolutamente recomendable que toquen y sientan, que jueguen con el barro y experimenten con el medio todo lo posible para que puedan generar muchas experiencias sensoriales.

HERBARIO

En ese mismo paseo, podemos recoger hojas, flores o ramas para elaborar un herbario. Las pegamos, previamente prensadas, en un cuaderno y las clasificamos poniendo su nombre; podemos también dibujar al lado la planta completa o pegar una fotografía pequeña.

Es muy importante recordar que solo se recoge lo que ya está caído. No tiene sentido arrancar una planta para hacer una actividad que pretende fomentar la conservación de la naturaleza.

Hay herbarios muy bonitos y muy conocidos, como el que elaboró la poeta Emily Dickinson con tan solo catorce años. Tomando como referente este, podemos también escribir o copiar poemas relacionados con las plantas en la hoja anexa.

LAND ART

Es una de las ramas del arte contemporáneo y consiste en utilizar las posibilidades de la naturaleza para hacer obras de arte y modificar el paisaje generando así nuevas sensaciones plásticas. Algunas propuestas son más invasivas como *A Line Made by Walking*, de Richard Long, que *dibujaba* en el suelo desgastando el terreno por el que pasaba una y otra vez. ¿No habéis visto nunca en medio de un solar o un campo un camino que se ha formado porque la gente siempre pasa por ahí? Pero hay otras tendencias que intentan modificar lo justo o trabajar solo con materiales ya desprendidos de los árboles.

Imaginad tomar cientos de hojas del campo y ordenarlas por tamaño, de mayor a menor. Nos encontraremos con que la clasificación humana contrasta con el caos de la naturaleza y provoca extrañeza. Otra posibilidad, especialmente hermosa y estética, es ordenar esas hojas siguiendo la gama del color de estas. Podrás encontrar hojas cuyo color varía desde el más verde hasta el marrón, pasando por ocres y rojos (todo depende de la especie de árbol que sea, claro está).

Andy Goldsworthy es un artista muy conocido por la práctica de este arte de la naturaleza. Algunas de sus instalaciones consisten en colocar elementos con unas formas determinadas. Por ejemplo, imagina un círculo perfecto fabricado con piedras o una acumulación de piedras que deja en el centro un hueco circular perfecto. Todas estas propuestas se pueden hacer en el mismo entorno natural o en el doméstico.

Otra de las propuestas que podemos practicar con los muchachos es el llamado *stone Balancing*, o equilibrio de piedras. Consiste en tomar dos o varias piedras e intentar apilarlas de la manera más estética posible, sin que pierdan su equilibrio. La propia densidad irregular de la piedra hace que el peso recaiga de maneras muy dispares y en ocasiones se producen imágenes sorprendentes, de gran belleza y de un equilibrio inverosímil. Es importante conocer que los grupos ecologistas piden tener precaución porque, con esta práctica, podemos estar modificando el hábitat de algunas especies que viven bajo las rocas y alterar la función que ejercen de protección o contención ante vientos o arenas. Hay que ser prudentes y, como ya dijimos, tomar aquellos elementos que en principio la naturaleza no necesite.

CREAR CON CARTÓN Y MADERA... CONSTRUCCIÓN Y ENSAMBLAJE

Espacios y refugios, cabañas, robots, casas... pensar y construir, buscar espacios adecuados, diseñar... La construcción de lugares de juego compartidos forma parte fundamental del juego simbólico y, con más edad, del dominio del espacio, las proporciones y las dinámicas de peso y sujeción.

- **Piezas de madera y de cartón, puzles o bloques**. Las posibilidades de los juegos de construcción van desde lo más pequeño, como son los bloques de madera simples o los cubos, hasta juegos mucho más complicados, como los de construcciones más complejas, con instrucciones para crear objetos como naves, edificios... y construir y volver a construir: torres, puentes...

  La dificultad de los puzles y las construcciones irá subiendo según la destreza adquirida.
- **Un rompecabezas gigante**. Es una actividad estupenda para hacerla en grupo y al aire libre, aunque también puede realizarse en casa.

  Necesitaremos:

  —Cajas de tamaño mediano o grande, pero que sean exactamente iguales. Pueden ser de cartón, para realizar un rompecabezas efímero, o de madera, si queremos que dure más tiempo. El número de cajas dependerá de lo grande que queramos que sea nuestro rompecabezas, pero el mínimo serían cuatro cajas.
  —Lápices para bocetar.
  —Abundante pintura de colores.
  —Pinceles.
  —Agua.
  —Ropa de pintar o baberos.
  —Plásticos o papel para proteger el suelo.

Después, haremos el boceto de los dibujos de cada cara. Si tenemos cuatro cajas, pintaremos los lados de cuatro en cuatro; si tenemos seis, los seis; si son nueve, los nueve. Así, poniendo las cajas en orden, unas sobre otras, completaremos la decoración.

Para darle más juego, podemos pensar en la distribución de los dibujos para que sean intercambiables. Por ejemplo, si queremos hacer una cara de personajes monstruosos, en las caras de las cajas superiores, pondremos la cabeza, en las centrales los cuerpos y los brazos, y en las de abajo, las piernas y los pies, de manera que, en cada columna de cajas, quede un personaje. Si tenemos nueve cajas, las tres de arriba tendrían tres cabezas; las tres del centro, tres cuerpos y las de abajo, los pies.

Si queremos hacer animales seguiríamos el mismo procedimiento, y también con paisajes, edificios, árboles... Pintaremos cada cara de las cajas, siempre puestas en orden, de manera que juntas completen el rompecabezas. Una vez se sequen, ya tendremos un rompecabezas gigante que desordenar y volver a montar.

- **Casas, cabañas y castillos**. Podemos trabajar con materiales de la naturaleza o que tengamos en casa, que siempre son un elemento fundamental para fomentar la autonomía y la creatividad infantil: una cabaña de palos, cajas y tela, una casita sobre las ramas de un árbol, un refugio bajo la mesa del salón.

  A partir del concepto de cabaña o construcción, también surge la creación de otros espacios que crear y habitar en el juego, como pueden ser un restaurante, una cocina, un quirófano, una escuela... El proceso para llegar al juego simbólico necesita de la construcción. Por ese motivo, para no cercenar la creatividad, es interesante contar con materiales muy sencillos, ya que, si son imitaciones exactas de la realidad dejan muy poco espacio para la imaginación creadora.
- **Vehículos y otros transportes**. Crear, con cajas de cartón, coches, aviones, trenes, naves espaciales...
- **Robots y otros monstruos** con cajas de cartón, papel y cartulinas... La imaginación al poder.
- **Escenarios y teatrillos de títeres**. Para llevar a cabo las actividades que hemos visto en la parte de teatro, podemos usar el cartón y la madera para hacer teatrillos, escenarios o preparar la escenografía.
- **Susurrador**. Esta es una de las actividades que más nos gusta. Nosotros la usamos para susurrar poemas, muy bajito, sin que se escuche desde fuera. Pero se puede recurrir a ella para explicar

cuentos o para contar secretos, para jugar al teléfono loco o para decir cosas bonitas. Y, sobre todo, se puede usar con todas las edades

Además, el proceso para elaborarlo es también creatividad pura. Esta actividad se divide en dos partes: realizar un susurrador y, después, darle uso. Ambas tienen una potencia creativa maravillosa. Se puede usar en casa, en la escuela o en espacios públicos, sobre todo en los mercados. Nos encanta.

Pasos:

Lo primero es elaborar el susurrador, para lo que necesitamos los siguientes materiales: tubos de cartón de unos 50 cm de largo y 10 cm de diámetro. El cartón ha de ser grueso. No sirven los de papel de aluminio, papel higiénico o rollos de papel absorbente. Deben ser más grandes y se consiguen en tiendas de regalo (rollos de papel de regalo), tiendas de tela, despachos de arquitectos o copisterías/artes gráficas (los tubos de planos o mapas son ideales). Necesitaremos tantos tubos como susurradores queramos elaborar.

Para decorar:

- —Papel de colores. Papeles decorados. Revistas y periódicos. Pegatinas. Plumas, purpurina, etcétera.
- —Pegatinas. Catálogos, tríptico..., en definitiva, el material para collage y para la decoración de los susurradores.
- —Pegamento de barra, cinta adhesiva (de varios tamaños, tipo precinto y tipo cello). Masilla reutilizable.
- —Tijeras.

Luego, decoramos nuestro susurrador a nuestro gusto, lo forramos con papeles de colores, usamos *collage*, palabras, imágenes..., lo que queramos. Usamos tijeras y pegamento para dejarlo bien forrado. También podemos decorarlo con témperas, telas o incluso hacer una funda de ganchillo. Una vez que hayamos realizado nuestros susurradores, el siguiente paso es elegir el poema o texto que susurrar. Podemos crearlo o elegirlo de un libro. Lo ideal es tener al alcance muchos libros para elegir. Primero lo recitamos en voz alta y luego lo susurramos. La idea es que nos apropiemos de él, lo hagamos nuestro para después susurrarlo a otras personas, bien en casa, o bien en la calle, en la escuela, en el mercado, en las bibliotecas, en un museo... Estos son algunos de los lugares donde hemos usado susurradores.

CREAR CON ALIMENTOS (COCINA)

Cocinar, sin duda, es crear. Hemos insistido mucho en que la creatividad está en todas partes y la cocina es uno de los espacios más creativos. Además, con distintos niveles de dificultad, es posible permitir a los niños y a las niñas cocinar solos, sin supervisión, algunas recetas que no requieran cortar o encender el fuego. La cocina, además de permitirnos elaborar platos que luego consumiremos, se convierte en un laboratorio de arte y colores deliciosos.

Existen muchos libros de recetas para cocinar con niños y niñas, con dibujos claros y el paso a paso para poder seguir las indicacionessin mucha complicación. ¿Y por qué no nos atrevemos con recetas familiares que no sean muy complicadas?

- **En crudo y multicolor**

  —Ensaladas multicolores, con maíz, remolacha, espinacas...
  —Frutas que podremos usar para hacer brochetas o preparar un plato decorativo con cara de payaso: dos rodajas de kiwi pueden ser los ojos; unas uvas, el pelo rizado; un trozo de plátano, la nariz; boca, un poco de yogur, y los dientes podemos hacerlos con manzanas. Tantas caras o animales

como nos dé la imaginación. El plato es el lienzo y con la fruta creamos figuras.

—Pan de molde y… echarle imaginación. Las formas geométricas, los colores, los ingrediente…

—Podemos dibujar con los ingredientes o también hacer rollitos y formas con el propio pan: una rebanada y media son una casita perfecta… ¿Cuántas formas a modo tangram podemos imaginar con el sencillo pan de molde?

—Las tortitas de maíz son un soporte estupendo para *pintar* un paisaje o una cara, solamente hay que añadir los ingredientes que prefieras.

—Frutos secos, fruta y yogur para crear paisajes nevados.

—Aceitunas, pepinillos y mayonesa con atún sobre endivias, y ya tenemos un barco en medio del mar

- **En dulce y con fuego**

—Bizcocho de zanahorias: un par de zanahorias rayadas, un par de vasos de almendra molida, un sobre de polvo de hornear, unos frutos secos picados, cuatro dátiles picados, dos huevos batidos. Se mezcla todo bien y al horno a 180 °C durante 35/45 minutos. Cuando se enfríe, podéis cubrirlo con yogur griego y decorarlo para dejarlo bien bonito.

—Bizcocho de coco y manzana: un par de manzanas ralladas rociadas con jugo de limón para que no se oxiden, dos vasos de coco molido o rallado, medio sobre de levadura, dos huevos, endulzante al gusto (dátiles, pasas, azúcar…) y aroma de vainilla. Al horno 35-45 minutos a 180 °C y listo.

—Gelatina de frutas: seguimos las instrucciones de la gelatina saborizada y, al ponerla en el molde echamos daditos de fruta de colores.

—Tortitas con harina y huevo, endulzamos con plátano maduro y decoramos creativamente.

- Galletas con formas y recetas sencillas: algunas simplemente necesitan coco rallado, huevo y dátiles, y darles una forma bonita antes de meterlas al horno (unos 30 minutos a 180 °C).
- Con planchas de hojaldre para hornear podemos crear formas distintas, con frutas o con chocolate.
- Y tantas otras recetas que se os puedan ocurrir...

- **Platos sencillos con un toque creativo**: podemos hacer partícipes a los niños y a las niñas de toda la elaboración o, simplemente, de la decoración de los platos.

  - Un plato de arroz a la cubana puede ser un derroche de creatividad. Una vez que tengamos preparados los ingredientes, es echarle un poco de imaginación: un molde pequeño para el arroz puede ser la nariz pintada con tomate frito. Con el plátano podemos hacer la boca y añadir dos huevos fritos para los ojos.
  - Una ensalada de patata hervida puede decorarse con aceitunas cortadas, pimiento asado y pepinillos... Con un poco de imaginación se convierte en un cocodrilo.
  - Hacer dibujos con los ingredientes: huevo, salchichas, puré de patatas y algún toque de color.
  - Si tenemos base para pizza, las opciones son muchísimas, tantas como se nos ocurran.
  - La pasta cocida y los ingredientes que acompañan también son elementos maravillosos para crear infinidad de formas y decoraciones creativas.
  - Y tantos otros platos que se os puedan ocurrir...

CREAR CON EL CUERPO

El cuerpo es el juguete que siempre llevamos encima y nos ofrece infinitas posibilidades de expresión y de juego. En el apartado «Crear con teatro», adelantábamos algunas actividades en las que está implicado el cuerpo (directa o indirectamente), pero vamos a ver algunas otras.

BAILAR

Como ya anunciábamos en la primera parte del libro, con el cuerpo podemos vivir una tarde de baile estupenda en la que empecemos con una música clásica más o menos suave, para pasar a algo más orquestal, con ritmos más marcados, que nos permita jugar a ser director o directora de orquesta y terminar con algo muy rítmico, de percusión, por ejemplo. Es recomendable volver a la calma con una música más relajante para recobrar la respiración y que los biorritmos se resitúen.

En estos momentos hay muchísima música pensada para la infancia, desde grupos que recuperan canciones populares e infantiles y las pasan por el filtro de la música moderna, hasta los que acercan los estilos de mayores a la infancia (rock), pasando por versiones de clásicos para niños o bebés. Evidentemente, en esta actividad nos tocará implicarnos un poco y bailar con ellos.

MI CUERPO

Podemos tomar un papel continuo (consejo para padres: tener en casa varios metros de papel continuo nos puede salvar una tarde) y ponerlo en el suelo. Nos tumbamos en él y otra persona marca con un rotulador nuestra silueta, los límites de nuestro cuerpo. Nos tumbamos en posición supina (es decir, bocarriba), con los brazos y las piernas un poco separados del cuerpo. Esta sería la posición normal, la típica de estas siluetas. Luego, con la silueta podemos hacer varias cosas: colorearla como si fuera la ropa, o llenarla de palabras o de un relato. (¿Os imagináis una pequeña autobiografía transcrita en el interior de nuestra propia silueta?). La rellenamos por partes: por ejemplo, en las manos las cosas que se pueden hacer con las manos; en la cabeza, las cosas que me gusta pensar; en el corazón, lo que más amo; en el estómago, lo que me gusta comer, etcétera. Pero también podemos rellenarla con recortes de revistas o catálogos.

Otra alternativa mucho más divertida es adoptar posturas más gamberras o acrobáticas, con las piernas dobladas como saltando y los brazos en el aire. Es una postura más dinámica y, luego, si lo exponemos en algún lugar, provocará un efecto de movimiento.

MÍMICA

Hemos citado antes el juego de las películas, pero también se puede jugar a hacer con mímica el relato de algún libro que hayamos leído (es recomendable algún cuento sencillito, de más pequeños, y no una novela de varios capítulos).

Imaginad que queramos contar Caperucita Roja o La Cenicienta. Si los peques no saben por dónde empezar, podemos ayudarlos ordenando y clasificando el cuento en varias escenas para que puedan estructurar la información.

JUEGOS TRADICIONALES

Hay muchos juegos en los que está implicado el cuerpo de manera directa. Por ejemplo, la comba.

Jugar a la comba con canciones para saltar mucho, para entrar y salir, para ir acumulándose... como «Rey, rey, ¿cuántos años duraré...?» o «La guapa, la fea, la lista...» o «Pimiento morrón...» y todas esas canciones que conocemos y que varían según la zona geográfica en la que os hayáis criado.

Se puede saltar con una comba o con dos. Otro juego divertido es el limbo, que es colocar la cuerda en línea recta e ir pasando de frente arqueando la espalda y sin tocarla. En cada turno la cuerda estará más abajo. También podemos usar la goma elástica, ese «pim, pam, pum, fuera», que tejía un laberinto de gomas que era casi imposible atravesar.

LA RAYUELA

Esa especie de escalera mágica trazada en el suelo con tiza que culmina en un semicírculo con distintas nomenclaturas, que suelen ser Cielo, Casa, Sol... El juego consiste en tirar una piedra, una china o un canto rodado, e ir saltando a la pata coja por cada casilla hasta recoger la piedra y volver. Así se va subiendo por las casillas hasta llegar al Cielo.

... de la Tierra al Cielo las casillas estarían abiertas y el laberinto desplegaría como una cuerda de reloj rota.

***Rayuela*, Julio Cortázar**

CON LAS MANOS

Hay un montón de juegos para hacer con las manos.

- La telaraña: es un juego de cuerda. Esta se une por ambos cabos, se entrelaza en los dedos formando una especie de laberinto. El otro jugador ha de cogerlo con ambas manos formando otro nuevo laberinto de cuerda. Y así sucesivamente. (Nota: no hemos conseguido encontrar un nombre común para este juego: la lana, Jacob's Ladder, pata de gallo, cuna del gato, la pesca, la cunita...).
- Piedra, papel o tijera: ambos jugadores se sitúan el uno frente al otro, han de sacar piedra (puño cerrado), papel (mano extendida) o tijera (dos dedos abiertos a modo de tijeras). La piedra rompe las tijeras, las tijeras cortan al papel y este envuelve a la piedra. Así que en función de lo que saques, ganas un punto. Hay varias cancioncitas asociadas, pero la más común es «Piedra, papel o tijera,

saca lo que quieras», y justo en ese momento, ambos jugadores forman con su mano la figura que quieran.

- Pares o nones: es un juego similar. Uno de la pareja elige pares o nones (impares). Se sacan tantos dedos como se quieran, de cero a cinco. Se suman y gana el punto quien haya elegido lo que ha salido, número par o número impar.
- Los chinos: cada jugador tiene cinco piedritas o garbanzos. Decide cuántas guardar en la mano y la saca cerrada delante de ambos jugadores. Entonces, hacen su apuesta. Por ejemplo, uno dice «Tres con las que saques», y el otro ha de intentar también adivinar cuántas chinas hay entre las dos manos (la suya y la tuya).

CREAR CON JUGUETES

Cuando los niños comienzan a jugar con objetos, las réplicas realistas los ayudan en su desarrollo madurativo. Según evolucionan y aprenden a representar simbólicamente, tienden a utilizar objetos menos realistas que exigen más inventiva e imaginación. Hemos de intentar mantener esta tendencia el mayor tiempo posible. En ocasiones, los juguetes que reproducen con fidelidad algún elemento de la realidad son *flor de un día*, es decir, muestran interés por ellos muy poco tiempo porque son muy limitados. Por eso hemos de tratar facilitarles juguetes menos rígidos, que se puedan combinar y que ofrezcan muchas posibilidades.

El término «juguete» suele atribuirse a un artilugio que los adultos destinan o seleccionan específicamente para que jueguen los niños, pero la fascinación que les producen las cosas y sus propiedades hace que sigan interesándose por objetos que no se han concebido como juguetes. Nos recuerda Rodari que muchos de lo que hoy consideramos juguetes durante mucho tiempo tuvieron gran importancia en el mundo adulto, pero que, con tal de no desaparecer, aceptaron *caer* de estatus y pasar a formar parte del mundo infantil, como, por ejemplo, el arco y las flechas, que se han dejado de usar en los campos de batalla y se han resignado a convertirse en instrumentos de juego. La peonza o las muñecas fueron en principio objetos sagrados y rituales antes de convertirse en juguetes para la infancia, pero también los trastos más comunes pueden caer del pedestal adulto y pasar a formar parte del universo lúdico de la infancia: un viejo despertador roto, un teléfono antiguo, un zapato... se transforman en enormes potenciadores de horas de diversión.

Aunque en muchos juegos necesitamos de la incorporación de diferentes artilugios (juguetes), eso no quiere decir que el juguete pueda sustituir al juego. Es decir, **lo importante para el desarrollo psicosocial y evolutivo del niño es el juego.** El juguete puede llegar a tener un papel accesorio, pero no será imprescindible. Podemos considerarlo un elemento auxiliar al juego infantil, pero no un sustituto de la actividad lúdica.

Por todo lo expuesto, a continuación haremos varias propuestas que potencien la creatividad a partir de un planteamiento lúdico de objetos cotidianos.

CHAPAS

Las chapas de los refrescos o las botellas son un material excelente para el disfrute y el juego. Podemos pintarlas por fuera con colores distintos o añadirles una figura: una estrella, un triángulo, un recuadro... También podemos pegar en la parte interior un círculo de papel con el nombre de un deportista (si lo vamos a usar para eso) o pintarlo de colores. El peso y la dureza de la propia chapa influyen en la habilidad de superar distintos obstáculos, por ejemplo, no es lo mismo la tapa de un jarabe que la de un refresco. Todo dependerá del juego que practiquemos.

- **CARRERAS DE CHAPAS:** es una actividad muy entretenida y que puede ser más o menos difícil. Lo ideal es jugar al aire libre en un espacio con tierra, pero también podemos hacer nuestra versión de interior. Consiste en trazar un itinerario a modo de circuito con zonas de mayor o menor dificultad. Por ejemplo, estrechar mucho un tramo para que solo quepa una chapa, montar baches con distintas alturas, añadir un giro después, trazar una recta enorme o poner una zona con muchas curvas seguidas o una con mucho peralte, incluso un agujero en medio del camino con agua o varios palos cruzados a modo de obstáculo. Todo tipo de dificultades harán de ese circuito el más deseado. Se puede ir incrementando la dificultad en función de la destreza de los jugadores.

- **FUTBOLÍN:** simulamos un campo de fútbol con la proporción aproximada de un campo real. Será suficiente con marcar los límites (las bandas), las dos porterías, las áreas y el centro del campo. El número de jugadores participantes se puede negociar en función del espacio del que dispongamos. Quizá once jugadores sean demasiados. Todo eso se pacta con anterioridad. Aquí sí es muy importante la *indumentaria*: cada equipo ha de ir coloreado de distinta manera para que se distinga. Fabricaremos una pelota con miga de pan muy prieta o papel de aluminio, y aprenderemos a notar la diferencia de peso de cada una de ellas y su fluidez con respecto al material utilizado.

  Las reglas son sencillas y es conveniente ponerse de acuerdo desde el principio. En cada turno juega un equipo (hay versiones en las que se juega con un dado y se permite tantos toques como diga el dado). El juego consiste en meter gol en la portería contraria.
- **TRES EN RAYA:** no es necesario explicar a fondo el funcionamiento de este juego. Una tabla cuadrada de nueve casillas repartidas en tres filas y tres columnas. Cada jugador tiene cinco piezas. Se sortea quién empieza y el objetivo es conseguir situar tres fichas en línea (en horizontal, en vertical o en diagonal).
- **REVERSI/OTHELLO/YANG:** es un juego de mesa que tiene varios nombres. Se establece un tablero de 64 escaques y cada uno de los dos jugadores tiene 32 fichas exactamente iguales, pero con dos caras distintas (por esto se pueden usar las chapas, tienen

bien definida la cara y el envés). Gana quien tenga más fichas de su tipo (de su color) sobre el tablero al final de la partida. La forma de jugar es que cada vez que, al poner una ficha tuya, quedan fichas de tu contrincante en medio de las tuyas, les das la vuelta y pasan a ser de tu equipo.

- **DAMAS:** con el mismo tablero del Reversi y las mismas fichas, podemos jugar a las damas.

Para todos estos juegos, también podemos usar tapones de plástico, pero son más ligeros y para algunas propuestas serán menos adecuados. Por ejemplo, podemos fabricar las fichas del Othello pegando dos tapones de distinto color con una pistola de pegamento.

JUGUETES DE TEMPORADA: CANICAS, PEONZAS, YOYÓS, DIÁBOLO

Cuando llega la primavera, suelen ir apareciendo en los tiempos de juego infantiles todos estos juguetes que tienen múltiples posibilidades. Todos ellos exigen cierta destreza psicomotriz, pero con práctica y cierta perseverancia no resulta difícil conquistarla.

Cada una de estas propuestas puede enfocarse como juego individual o competitivo.

- **CANICAS:** con las canicas se pueden hacer circuitos similares al de las chapas, pero con la peculiaridad de ajustar bien los límites porque, si no, se saldrán del perímetro marcado.

  El juego más popular con las canicas es el guá (es posible que en otras latitudes tenga otro nombre). El objetivo es que tu canica acabe en un pequeño agujero cavado en la tierra. Hay submodalidades del juego (chivas, tute, retute...), que permiten retirar las canicas de los contrincantes y acercar la tuya.
- **PEONZAS:** el primer desafío motriz de la peonza es hacerla bailar, esto es, enrollar la cuerda alrededor del cuerpo de madera de la

peonza, lanzarla y, con un golpe seco de muñeca, hacer que gire mucho tiempo. No resulta fácil al principio, pero el tesón aplicado en el juego y los consejos de otros compañeros (o adultos expertos) obrarán el milagro.

Una vez que sepamos bailar la peonza, podemos hacerla girar en los lugares más inverosímiles. Algunos la sostienen en la mano, en el brazo o la posan en lugares muy difíciles. Esta es una de las cualidades de este tipo de juegos y juguetes, cómo ir aumentando la dificultad y demostrar a los demás lo que se ha conseguido. Por eso nos fascina tanto el «más difícil todavía» del circo.

Otra posibilidad es trazar un círculo en el suelo y hacer bailar las peonzas dentro de este. El que *entra* en el círculo, podrá desplazar la peonza del otro jugador con la suya propia.

- **YOYÓ:** no se sabe bien cómo se originó el yoyó, pero es un juguete que perdura y que ofrece múltiples posibilidades de juego. El mecanismo es sencillo: dos círculos de madera o plástico unidos por un eje al que está sujeta una cuerda, que es el mecanismo que lo hace girar. Si somos capaces de hacerlo girar muy rápido, se pueden plantear diferentes figuras: el perrito que *rueda* por el suelo, el columpio que gira en un triángulo realizado con el cordón restante, el escapista que salta por los aires para caer en tu bolsillo... Se ha extendido tanto su popularidad que se celebran competiciones nacionales e internacionales. Aunque es un juego específicamente individual, desarrolla una competencia motriz y posibilita la creatividad pensando en nuevas formas de hacer bailar el yoyó.

PINBALL O FLIPPER

Este es un juguete que nos llevará horas de entretenimiento y de diversión, especialmente el tiempo que dediquemos a su fabricación. Consiste en una tabla de madera inclinada en la que construiremos un circuito con clavos y gomas elásticas para que, a través de unos resortes en la parte inferior, podamos impulsar una canica por todo el tablero. Se pueden poner rebotes, túneles, trampas o puntuaciones específicas, según tu canica toque o no determinados mecanismos.

MUÑECOS Y MUÑECAS

Decíamos al principio de este apartado que en las primeras edades es interesante la proximidad de juguetes que se asemejan a la realidad para que se establezca poco a poco una abstracción de la misma y se llegue a un simbolismo de las cosas. De esta manera, las muñecas que representan a bebés lo más fielmente posible cumplen una función muy importante, aunque deberíamos recordar a la industria juguetera que dotarlos de sonidos, movimientos o excreciones no contribuye a que los niños evolucionen en su capacidad simbólica y creativa, sino todo lo contrario. Si el muñeco lo hace todo, ¿qué le queda al niño para proyectar como juego? De ahí que, según crecen, lo más interesante de los muñecos o las muñecas sea su versatilidad.

Jesús recuerda que de niño cosía con su hermana mayor vestidos para su muñeca y que la transformaban con diferentes atuendos que fabricaban ellos mismos. ¡Qué riqueza tenía ese juego en el que su hermana soñaba con su propio vestuario y fabricaba cosas parecidas para su muñeca! Pero ¡qué rápido se dio cuenta el mercado de que nos podían vender los mil y un complementos de la muñeca de moda! Sí, es posible que la ropita que ellos elaboraban no estuviera tan bien acabada como la producción de la industria juguetera, pero tenía ese matiz más auténtico y único que la hacía especial.

En ese sentido, las muñecas y los muñecos ofrecen la posibilidad de mezclarse en el juego, y la mente imaginativa del niño y la niña los podrá transformar en cualquier cosa. El muñeco de un guerrero, por ejemplo, se convierte en un cirujano que interviene a otro muñeco con forma de unicornio. De ahí que propongamos que los mejores muñecos son aquellos cuyo carácter u oficio no estén tan *marcados*, por no hablar de la hipersexualización de determinadas muñecas dirigidas a las niñas. La artista australiana Sonia Singh inició el proyecto Tree Change Dolls para rescatar y rehabilitar una serie de muñecas de una conocida marca con el objetivo de mostrar a una niña normal, con su sonrisa y mirada original, alejándola del maquillaje y el vestuario sexualizado con el que suelen comercializarlas. De esta manera, aparte de la inversión de valores que se otorga a la imagen de las niñas, se permite normalizar esos personajes que podrán ser ya cualquier cosa o dedicarse a cualquier oficio. ¿No responderá mejor eso a los anhelos de las niñas creativas?

Así, muñecas y muñecos encuentran su hueco en el juego simbólico a partir de esos personajes que se pueden convertir en cualquier otra cosa para cristalizar las historias que se van inventando según juegan. ¿Vale que el duende podía caminar kilómetros en segundos poniéndose estas botas? ¿Vale que esta princesa echaba fuego por la boca y competía con el dragón para recuperar el castillo? Los muñecos se ponen al servicio de la historia y no al revés.

CREAR CON ARTE

Al principio de este libro hablamos sobre la importancia de generar mapas neuronales a partir de la experiencia visomotriz de la escritura a mano u otras actividades. En este sentido, **toda práctica manual que se presente como alternativa a lo digital favorecerá en gran medida el desarrollo cognitivo y creativo de la mente del niño**. No obstante, nos gustaría recordar, como haría nuestro maestro Gianni Rodari, que no podemos plantear ninguna de estas actividades *enfrentándolas* al uso de las pantallas porque eso las situaría en un plano de competencia que no conviene fomentar. Potenciar la creación artística y manual por sí misma conseguirá reducir el impacto negativo que las pantallas pueden tener en nuestra vida.

Si conseguimos que las actividades artísticas formen parte de nuestra vida de forma natural y permanente, obtendremos muchos beneficios, alentaremos la creación y estimularemos nuestra autoestima y confianza. Para tener éxito es necesario creer en lo que hacemos, y para creer en el valor de nuestras actividades, es importante saber por qué son valiosas. Obviamente, el desarrollo artístico guarda un gran paralelismo con las características de la creatividad, así que cuanto más incorporemos las actividades de este tipo, más combatiremos el conformismo y potenciaremos las ganas de investigación. El arte está íntimamente relacionado con el deseo de explorar, y así lo demuestran sus constantes rupturas a lo largo de la historia, que se tradujeron en movimientos artísticos que *rompieron* con las teorías anteriores y se adentraron en un camino nuevo de investigación y experimentación.

Partiendo de ese deseo de explorar que el niño conserva innato, iremos descubriendo las posibilidades de los materiales, probando diferentes formas de uso con distintos materiales (papeles más finos, más gruesos, con texturas variadas, pinceles diferentes...). Desde ese punto inicial, tendremos que avanzar y conocer poco a poco la técnica adecuada para aprender a utilizar mejor ese material y conseguir el resultado que buscamos. Nos recuerda Viktor Lowenfeld que hay un momento en el desarrollo de la capacidad creadora que, si no proporcionamos las claves técnicas de los materiales, se puede dar el caso de que surjauna frustración ante la obra que haga que acabemos abandonando dicha actividad porque no nos hace disfrutar.

Una de las grandes dificultades que surgen cuando nos enfrentamos a las actividades artísticas es precisamente ese juicio del que ya hemos hablado con anterioridad. Compararnos con los artistas o esperar que nuestra producción sea una obra de arte que se pueda exponer en cualquier museo puede llevarnos a una situación de bloqueo y de falta de disfrute. Así que tenemos que centrarnos más en la práctica, en la experiencia creadora, que en el resultado final, que, probablemente, iremos mejorando con el tiempo. Solemos caer en esa trampa de enseñar a las visitas (o a algún familiar) las producciones infantiles diciendo: «Mira qué bien le ha quedado, mira qué bonito este cuadro», cuando en realidad podríamos comentar lo bien que lo pasamos en aquel momento o lo que hemos descubierto al mezclar tinta con aguarrás y pintar sobre una superficie porosa. **Siempre será más importante el proceso que el producto**. Si más tarde descubrimos una mayor afinidad con alguna de las técnicas artísticas, sí habrá que ir mejorando la técnica con clases o talleres que puedan guiarnos hasta el siguiente escalón. Por el momento, vamos a ver qué cosas podemos hacer para jugar a crear a partir del arte.

DIBUJO

Aparte del ya conocido dibujo tomando modelos de libros y demás, podemos añadir alguna otra actividad que favorece tanto la mejora del trazo como romper bloqueos.

- **DIBUJO DEL NATURAL:** tomar algunos objetos (un bote para los bolis, una manzana, una botellita...) y colocarlos en el escritorio a modo de bodegón y bien iluminados. La actividad consiste en dibujar estos objetos tal y como están ordenados. Es importante fijarse especialmente en las zonas iluminadas y en las sombras para dibujar los volúmenes.
- **DIBUJO CALCADO:** es una manera de reconocer las formas de una imagen. Tomamos una imagen (a ser posible de un objeto concreto: una barca, una cafetera, un balón), le superponemos una hoja de papel cebolla (es un papel translúcido, es decir, que permite ver a través de él sin ser del todo transparente) y calcamos la silueta y los elementos más importantes de la figura. Será una copia que nos ayudará a analizar mejor las imágenes. Luego podemos colorearla como queramos (de manera realista o de forma más abstracta).

- **DIBUJAR SIN LEVANTAR EL LÁPIZ DEL PAPEL:** ante un modelo (puede ser una persona), intentamos dibujar lo que vemos sin levantar el lápiz del papel. De esta manera tenemos que discriminar bien qué línea seguir para dibujar y cómo vamos a unir estas. Es un ejercicio muy interesante de síntesis de la imagen.
- **DIBUJAR SIN MIRAR EL PAPEL:** no sabemos lo que estamos dibujando. Es parecido al anterior, pero sin la referencia espacial del resultado. Este ejercicio es muy divertido y nos sirve para romper el miedo al propio dibujo.
- **PICTIONARY:** el famoso juego de intentar transmitir una idea, un refrán o un concepto a través de los dibujos es muy divertido y permite abstraer y sintetizar las ideas presentadas para ver qué entiende el otro y cómo recibe nuestros dibujos.

PINTURA

La pintura es muy diversa porque existen muchos materiales y soportes que podemos utilizar. Recomendamos ir poco a poco. En la escuela normalmente se utilizan lápices de colores o ceras (grasas y no grasas) porque son los más prácticos con respecto a la dinámica habitual de las clases. Pero podemos usar otros materiales:

- **ACUARELAS**: son pinturas que se combinan con agua, lo que nos ofrece unos matices de luminosidad y suavidad que no se consiguen con otras pinturas. El resultado será más difícil de controlar y se necesita mayor destreza y conocimiento para ir perfeccionando la técnica. Es recomendable utilizar un papel especial.
- **PINTURA GOUACHE (O TÉMPERA):** también se mezclan con agua, pero es un material más opaco y consistente. Es ideal para experimentar con la combinación de colores para generar otros nuevos. Una actividad muy interesante es hacer una carta de colores previa a la creación. Se recortan tarjetas de un tamaño aproximado al A6 y se establece una medida estándar de mezcla (por ejemplo, un vasito o una jeringa). En el cartón se pone una marca

abajo (un circulito) por cada unidad de medida de cada color. Y luego un gran círculo en el centro del cartón con el color resultante. Se van probando distintas mezclas: dos medidas de amarillo con una de azul es igual a este color; dos amarillos y dos azules, este otro. Y así vamos descubriendo los colores y sus gamas. Nos resultará muy práctico cuando queramos volver a conseguir ese mismo color. Lo divertido será ponerles nombre a esos colores (color aceituna, melocotón, sol de atardecer, jersey de papá).

Aquí tenéis distintas técnicas o estrategias en las que podemos utilizar este material:

- **Pintura estarcida (o rociada)**: mezclamos los colores en una paleta, untamos en ellos un cepillo de dientes y salpicamos con las cerdas para hacer diseños. Después de probar con algo más básico, podemos recortar algunas formas en cartulina. Si rociamos alrededor de esas plantillas, al retirarlas queda la figura en blanco. También podemos hacer las plantillas inversas, es decir, dejar hueco el interior.
- **Pintura con manos y dedos**: es importante que la pintura tenga una textura espesa. Podemos preparar varios platos con pintura (un soporte en el que quepan sus manos). Extendemos un papel continuo en una mesa o en el suelo y a pintar. Recomendamos poner un poco de música, ¡y cuidado con la ropa, porque es fácil que se manche!
- **Pintura con cuerda**: se toma una cuerda gruesa y se humedece con pintura. Después la enrollamos hacia dentro para formar un diseño, la colocamos en la hoja, doblamos por la mitad y ejercemos presión con algo pesado. Luego tiramos de la cuerda y veremos el diseño que se forma.
- **Pintura al soplo**: se echa pintura sobre la superficie del papel y, con una pajita de refresco o cualquier otro tubito, se sopla sobre la gota de pintura. Esta se esparcirá por el papel adquiriendo formas muy caprichosas. Su forma y recorrido

variará en función de la fuerza e intensidad del soplido. Se puede jugar también con tinta. Hay que tener cuidado con no aspirar por la pajita.

- **Pintura al goteo (*dripping*)**: imitando el estilo del artista Jackson Pollock, humedecemos el pincel con pintura y vamos dejándolo caer sobre el soporte, trazando líneas azarosas en una dirección o en otra. También podemos sacudir el pincel sobre el lienzo para ver el efecto. Es recomendable proteger bien el espacio de trabajo para no llenar todo de pintura.
- **Estampación**: se pueden cortar frutas o verduras para fabricar sellos de estampación. Se mojan en pintura y se estampan sobre el papel. También se pueden usar hojas o cualquier otro elemento natural. Podemos jugar a crear patrones de dibujos o mezclarlos todos. También es posible hacer sellos con gomas de borrar grandes o, si queremos afinar más, con planchas de linóleo y grabar con gubias el negativo del dibujo que queremos estampar.

FOTOGRAFÍA

La fotografía es la captación de la imagen mediante mecanismos ópticos. En la actualidad, la fotografía digital ha eclipsado casi por completo la analógica, pero seguimos manejando conceptos básicos como el enfoque o la luz.

El revelado de la fotografía analógica sigue una mecánica muy atractiva y fascinante para un niño. Siempre que tengáis oportunidad, intentad que conozcan el procedimiento. Es la mejor manera de que entiendan cómo han evolucionado los dispositivos fotográficos porque las nuevas generaciones no han conocido el lento y elaborado proceso del revelado e impresión de una fotografía.

Aunque este libro intenta hacer propuestas para esquivar horas de consumo frente a las pantallas, en este apartado vamos a presentar un uso alternativo de los teléfonos móviles (salvo que disponga de cámara digital externa) para hacer fotografías.

El juego con la fotografía pasará por el análisis de lo que la imagen transmite. Más allá de disfrutar con las fotografías de momentos familiares o sociales (un cumpleaños, una competición deportiva, una excursión escolar...) podremos ver cómo los distintos planos, el punto de vista o la iluminación condicionarán el resultado de la fotografía.

- **DESCRIPCIÓN DE UN OBJETO:** vamos a ilustrar un objeto con fotografías desde diferentes ángulos, con más detalle o menos, variando el encuadre para ver qué dejamos dentro de la fotografía y qué fuera. La idea es preparar una especie de dosier de un objeto a partir de cuatro o cinco fotografías. Podemos plantearlo como una serie de fotos para hacer un anuncio de ese objeto: valoramos qué partes son las más atractivas, las más interesantes o a qué le queremos dar más importancia.
- **NARRAR CON IMÁGENES:** imaginamos una historia (original o tomada de un libro) y la secuenciamos en fotogramas (como si fueran escenas). Establecemos un número de imágenes (siete o doce pueden ser el adecuado) y contaremos la historia en esas doce imágenes. Se trata de captar las imágenes más relevantes de la historia, las que son imprescindibles para que entendamos la trama. Luego podemos ponerle texto o bocadillos tipo cómic y montarlas en cartulina, o preparar un montaje digital con transiciones y titulares.
- **CÓMO SOY YO:** es interesante ofrecerles un tema para que reflexionen sobre él de manera más simbólica y poética. El ejercicio anterior hacía referencia a una historia, un cuento o algo así. En este caso, abogamos por temas más elaborados: cómo soy yo, lo que me gusta y lo que no, este es mi barrio, esta es mi familia, a qué se dedica mi mamá, un día en la vida de mi mascota...

COLLAGE

El collage es una técnica mixta de creación artística que nos permite mezclar imagen, palabra y pintura. El azar y la experimentación juegan un papel clave. Lo más importante es contar con un buen archivo de material gráfico (revistas, periódicos, catálogos…) del que surtirnos para elaborar los collages.

Aquí os dejamos algunas propuestas que podéis hacer con textos de periódicos y revistas:

- **POEMA DADAÍSTA:** tomamos un poema (o una noticia) y recortamos todas las palabras. Luego las ordenamos al azar y, aunque no haya concordancia gramatical, ahí tenemos el poema dadaísta.
- **TITULARES FANTÁSTICOS:** recortamos diez o doces titulares de prensa y recortamos y mezclamos las palabras. Luego intentamos combinarlas formando nuevos titulares de lo más absurdo y variopinto. Podemos escribir la noticia completa a partir del titular.
- **POEMA VISUAL:** recortamos letra a letra y las pegamos en el papel distribuyéndolas como queramos o con un orden determinado. Imaginad dibujar la silueta de una cabeza y dentro un montón de letras apretujadas. O hacer la figura de una A con letras aes recortadas.

Ahora os presentamos algunas propuestas o técnicas de collage que podéis elaborar con fotografías:

- **FONDO DE TEXTURAS:** recortamos la figura principal de la fotografía (imaginad la de un niño en un columpio), es decir, dejamos la foto calada (con el hueco). Y por detrás se coloca un fondo de paisaje o texturas (hojas, hormigas…).
- **APOYADO:** si la figura principal está apoyada (o sentada) en algún lugar, la recortamos y colocamos sobre un elemento sobredimensionado (peces, objetos pequeños en gran formato, la luna…).

- **TU CARA ES MI CARA:** podemos mezclar las partes del rostro de una persona sobre la cara de otra. Esta técnica es muy efectista, especialmente si los tamaños son dispares. Imaginad la cara de una actriz con los ojos o la nariz de otro famoso.
- **MI CABEZA ES UNA COLIFLOR:** sustituimos la cabeza o la boca de un personaje por otro elemento con una forma determinada (coliflor, fruta, pescado, columna de humo, fuego).

  También se pueden combinar imágenes con palabras. Lo interesante del collage es precisamente el encuentro azaroso de dos elementos. Esta combinación casual es una de las bases de la creatividad.

CREAR CON EL SILENCIO Y LA MIRADA

Mirar. Observar. Detenerse y transformar lo visto. Tiempo para que el ruido no esté presente. Hay mil opciones de crear a partir de la mirada y el silencio, de entrenar la mirada creativa, de ver el mundo con ojos que lo transforman. Aquí van unas cuantas:

- **Abecedario de greguerías. Metáforas con las letras**. Para introducir esta propuesta es ideal tener letras de madera, de cartón, formarlas primero con lana o en la arena, con palitos. De este modo incluso introducimos una parte de apropiación sensorial (la letra es tocada, sentida o dibujada en la arena y forma el mapa mental).
  - —Después ofreceremos las letras (o algunas de ellas) impresas en papel A4, grandes, que ocupen casi toda la página, en tipografía de palo seco, lo más sencilla posible.
  - —Más tarde pasaremos a ofrecer ejemplos: «¿A qué se parecen la A y la B...?». A través de la forma de las letras buscaremos la metáfora: la A es una cabaña, una escalera, un trozo de pizza, un sombrero de bruja...

—Luego ofreceremos la opción de *dibujar* la metáfora en la letra impresa que tenga cada niño o niña. Siempre surgen maravillosas opciones, creativas y juguetonas a más no poder. Y la A, por ejemplo, puede transformarse una vez más en una cabaña, un cucurucho o un trozo de pizza...

La idea básica es transformar, al modo del maestro de las greguerías Ramón Gómez de la Serna, cada letra en un artefacto poético: «La T es el martillo del alfabeto». También podemos apoyarnos en alfabetos visuales (los hay maravillosos). El libro *Mi primer abecedario: el carnaval de las letras* os puede servir de inspiración.

Si los niños y las niñas son muy pequeños, pueden dibujar una imagen a partir de la letra. Con los mayores, podemos, además, crear un texto para cada letra, con o sin rima. Es una buena oportunidad para trabajar los pareados (que hemos visto con anterioridad). Otra opción interesante es *cazar* letras: buscar objetos en el día a día que tengan forma de letras y hacerles una fotografía. De este modo, a través de la mirada, transformamos las letras.

- **El diario de las metáforas**: mirar es un acto poético, creativo. Si observamos el mundo con esa mirada poética, se puede transformar la realidad. El mirar poético y creativo puede alimentarse, y, como una semilla, con los cuidados adecuados, irá creciendo poco a poco.

  La idea es practicar la mirada creativa todos los días. Contemplar el entorno de ese modo, poéticamente, y llevar un diario de metáforas en el que intentaremos anotar al menos una metáfora cada día. Las metáforas son el intercambio, por semejanza, de una cosa por otra. Por ejemplo, la comparación «la luna parece un queso», nos daría la metáfora «la luna es un queso».

  Es una idea similar a la mirada sobre el alfabeto de las greguerías, del que ya hemos visto el proceso. Ahora se trata de pararnos a observar el mundo, con nuestros niños y niñas, y mirarlo desde el juego poético y la creatividad. Primero comparamos: la luna es como un queso, una pelota. El sol es como una naranja, una bombilla. La silla es como un caballo, un elefante... Con los más pequeños lo normal serán metáforas muy visuales, de este tipo: la hoja en el charco es como un barquito a la deriva, la bufanda es como una oruga de lana, las manos del pianista son como dos arañas musicales, el sofá es como un oso que duerme... Después, simplemente, eliminamos el «como» y nos queda la metáfora pura: «La luna es un queso». Imaginaremos metáforas de las cosas que nos rodean: «El café es la noche» o «El sol es una naranja» o «La bufanda es una oruga». A partir de ahí, seguiremos jugando y transformándolo poco a poco en una escena visual. Por ejemplo, si la luna es un queso, tal vez la nube sea un ratón. Al añadir algo más de juego, buscamos el porqué de esas metáforas y llegamos a la conclusión poética:

Esa nube es un ratón,
que, sigiloso,
mordisquea
el queso de la noche.

De la metáfora «La bufanda, oruga de lana» llegamos a esto:

Teje que teje,
mi oruguita de lana
del frío me protege.

De la metáfora «En la taza de café, los restos de la noche»:

Para encender el día,
me bebo en la taza
los restos de la noche.

De la metáfora «Las flores son paraguas para las hormigas»:

Para que no se mojen
las pequeñas hormigas
en el campo, bajo la lluvia,
abre sus paragüitas
de pétalos coloridos.

De la metáfora «Las hojas en otoño tejen un manto»:

En otoño la tierra tiene frío,
le tejen los árboles una manta rojiza.

De la metáfora «El sol, en la tarde, es una naranja»:

Hambriento el cielo
cuando cae la tarde,
devora una naranja.

En nuestro diario de metáforas podemos anotar, simplemente, esas imágenes metafóricas o, como hemos visto en esta segunda parte, añadir un porqué poético. Así, iremos incorporando metáforas a nuestro diario más complejas según la edad y la práctica.

Otra propuesta de mirar el mundo metafóricamente sería a través de los objetos y los animales. Es decir, mezclando, por semejanza, objetos con animales: un libro puede ser un pájaro, un sofá un oso, un lápiz una culebra... Atesoramos miles y miles de estas *bichocosas*, porque es un taller que Mar realiza desde hace años, a partir del libro *A lo bestia*. Estos son algunos ejemplos de *bichocosas* creadas por niños y niñas menores de ocho, que ilustran con un dibujo:

Siraña (silla más araña)
Jiralera (jirafa más escalera)

Algunos ejemplos de *bichocosas* de niños y niñas de ocho a once años, que acompañan con un poema y un dibujo:

Pajaleta (pájaro más maleta):

Si quieres ir de viaje,
no cojas la pajaleta,
porque se va volando
y te quedas sin chaqueta.

(A., una niña de diez años)

Tortuvera (tortuga más calavera):

La tortuvera
va por la acera
asusta a la gente
porque es diferente.

(H., un niño de ocho años)

- **Crear diarios de campo:** una propuesta de mirada, al igual que el diario de las metáforas, sería hacer un diario de campo. Si salimos de excursión podría ser un diario de naturaleza, con dibujos de especies, de animales o plantas, horas, experiencia, clima... O un diario más artístico sobre lo que sentimos o lo que nos pasa, pero añadiendo una parte creativa, o sea, gráfica: lo que veo. Otro tipo de diario es de lo que observo: personas, situaciones... con palabras y dibujos. O, a modo de cuaderno de bitácora, podemos hacer un diario de nuestros viajes con dibujos, billetes de avión o tren, un collage de imágenes o catálogos, los museos que hemos visitado, retratos... para registrar, día tras día, la experiencia del viaje. ¡Incluso podríamos elaborar las postales para enviar por correo a la familia!

  Este diario de viajes puede ser un diario personal, donde cada uno recoja sus experiencias y disponga de sus materiales o recursos, pero podemos plantearlo como un diario de experiencias compartidas, por ejemplo, para recopilar lo que hacemos el fin de semana, si vamos al teatro, a un museo o de excursión. Al final del año tendremos un registro visual de las actividades más significativas que hayamos compartido. Habremos construido un diario de recuerdos que atesoraremos toda la vida.

CONCLUSIONES

Aunque pueda parecer que este libro es un alegato contra la tecnología o las pantallas, no lo es. Para escribirlo nos hemos documentado y hemos leído otros muchos libros y, sobre todo, nos hemos basado en nuestra experiencia directa, pero también hemos usado la pantalla (para escribir y leer artículos, ver vídeos, etcétera. De modo que no, no estamos *contra* el progreso. Es importante y necesario, las pantallas son una fuente inagotable de información y establecen nuevas vías de comunicación e interacción humana. Estamos, sin duda, ante uno de nuestros nuevos hitos. La era digital y la IA van a construir una nueva manera de relacionarnos y un gran impulso para la humanidad.

No, no estamos contra el progreso. Se trataría, en todo caso, de una llamada al sentido común. Una voz de alarma que surge de asociaciones de pediatría, psicólogos y psiquiatras: la salud mental de la infancia y la juventud está en riesgo real. Como podemos comprobar en el manifiesto aparecido en octubre de 2024 de la Asociación Española de Pediatría: «Los efectos de la pandemia de COVID-19 han agudizado una situación que ya existía, elevando las tasas de trastornos mentales en niños y adolescentes hasta un

47 %. El incremento de episodios de ansiedad, depresión, trastornos alimentarios y adicciones, así como de conductas autolesivas y suicidas exige una respuesta urgente de la sociedad y de los profesionales sanitarios».[7]

Los datos hablan por sí solos, nos advierten de ese grito que escuchamos alto y claro en la infancia, esa necesidad de sostén afectivo, mirada y tiempo. Pero seamos también conscientes de nuestra gran parte de responsabilidad, seamos conscientes de cómo afectan nuestras propias carencias a la infancia, de nuestra incapacidad de gestionar la propia conducta, ese FOMO que sufrimos y la presencia constante de las pantallas en nuestro día a día. De hecho, un estudio realizado en distintos países de Europa en el año 2022 concluyó que «El 48 % de los padres con hijos de entre 5 y 15 años reconoce que tiene problemas para gestionar su tiempo de uso de pantallas. Este dato se dispara hasta el 56 % entre los padres más jóvenes, de los 25 a los 34 años. No obstante, el 76 % de las cabezas de las familias confiesan que no emplean ninguna herramienta para reducir el tiempo que dedican a la tecnología en casa y el 52 % reconoce que los dispositivos les roban tiempo de estar con su familia».[8] Reflexionemos, por tanto, sobre ese cambio de dirección y cómo ha sucedido. Por qué hemos pasado de tener las pantallas como herramientas a nuestro servicio a estar subyugados, totalmente, a su poder.

Con este libro nuestra intención es romper una lanza a favor de la infancia. Recuperar el espacio y el tiempo de juego y la mirada creativa. Busquemos tiempo compartido y todas las posibilidades que nacen cuando somos capaces de dosificar y dejar las pantallas fuera de la ecuación cada día. Miremos a la infancia, porque lo que

---

7 - El informe completo lo encontraréis aquí: https://www.aeped.es/sites/default/files/manifiesto_dia_p_2024_1.pdf.

8 - El informe completo está disponible aquí: https://www.qustodio.com/en/from-alpha-to-z-raising-the-digital-generations.

dice, a pesar de tener las pantallas tan presentes, es que necesita ser vista. Reconquistemos espacios donde estar desarrolla su propia creatividad en libertad y sin juicios. Acompañaremos a los niños y a las niñas en el proceso con respeto y brindémosles los recursos sin imponer. Los sostendremos desde el afecto y no desde el juicio. Ofreceremos alternativas y estaremos presentes. Seremos una guía que tomar como ejemplo. Los dispositivos y las pantallas serán una herramienta accesoria y no nos robarán tiempo de relación, de colaboración y de mirada. Nos servirán para avivar el contacto y lo humano, la mirada, el juego y el respeto. **Tiempo compartido, tiempo de crear, tiempo de crecer.** Porque todas las personas somos creativas y tenemos derecho a jugar, a investigar, a equivocarnos y a buscar formas nuevas de resolver viejos problemas. Parafraseando a Gianni Rodari: «Todas las palabras, para todas las personas, no para que todas sean artistas, sino para que nadie sea esclavo». **Toda la creatividad, el arte y el juego han de ser para todas las personas, no para que todas sean artistas, sino para que nadie sea esclavo.**

BIBLIOGRAFÍA

André Stern, *Jugar,* Editorial Litera, 2019.

Arno Stern, *Del dibujo infantil a la semiología de la expresión*, Editorial Samaruc, 2016.

Bruno Munari, *Fantasía,* Barcelona, Editorial Gustavo Gili, 2018.

Byung-Chul Han, *La crisis de la narración*, Barcelona, Herder, 2023.

Dorte Nielsen y Sarah Thurber, *Conexiones creativas,* Barcelona, Editorial Gustavo Gili, 2018.

Edward de Bono, *El pensamiento lateral*, Barcelona, Paidós, 2018.

Francisco Menchén Bellón, *Descubrir la creatividad*, Madrid, Pirámide, 2005.

Francisco Mora, *Neuroeducación y lectura*, Alianza, 2020.

Gianni Rodari, *Gramática de la fantasía*, Barcelona, Booket, 2002.

Isabel Tejerina, *Dramatización y teatro infantil*, Madrid, Siglo XXI de España, 1994.

J. P. Guilford y otros, *Creatividad y educación*, Barcelona, Paidós Ibérica Ediciones, 1983.

John Huizinga, *Homo ludens,* Madrid, Alianza, 2004.

Kieran Egan y Gillian Judson, *Educación imaginativa*, Narcea, 2018.

Kieran Egan, *Fantasía e imaginación: su poder en la enseñanza*, Ediciones Morata, 1994.

Lolo Rico, *TV, fábrica de mentiras*, Espasa, 2010.

Louis Porcher, *La fotografía y sus usos pedagógicos*, Buenos Aires, Eitorial Cincel Kapelusz, 1977.

Manuela Romo, *Psicología de la creatividad*, Barcelona, Paidós, 2019.

Mara Dierssen, *El cerebro artístico*, Barcelona, Batiscafo, 2016.

María Hortensia Lacau, *Didáctica de la lectura creadora*, Editorial Cincel Kapelusz, 1966.

Michel Desmurget, *Más libros y menos pantallas*, Península, 2024.

Miguel Ángel Pérez Arteaga, *Creatividad: curiosidad, motivación y juego*, Zaragoza, Prensas de la Universidad de Zaragoza, 2020.

Robert Gloton y Claude Clero, *La creatividad en el niño*, Madrid, Narcea, 1972.

Terry Orlick, *Libres para cooperar, libres para crear*, Paidotribo, 2001.

Viktor Lowenfeld, *Desarrollo de la capacidad creadora*, Editorial Kapelusz, 1985.

Zygmunt Bauman, *Sobre la educación en un mundo líquido*, Barcelona, Paidós, 2020.